U0003684

LOCUS

Smile, please

漬物語

陳怡如、沈岱樺 著

Pickling
new stories into life.

漬物與女人

陳怡如

生產、收藏，因應自然的神祕牽引

為什麼採訪的都是女人？在擬定受訪人物時，名單上也有若干醃漬的男人。我躊躇，思考著編輯曾給我的訊息：「這本書不完全是寫出醃漬食譜，而是寫出人物的故事，特別是他們的生活。」終於，某日在廚房，手上切著蘿蔔或者洋蔥，我心中有了譜，就書寫與我真實地交流過醃漬食的人物，她們曾經帶領我領略了蘭陽平原的醃漬風景，共同經驗醃漬過程中的摸索與開封的喜悅，她們身上有我嚮往的特質，她們的生活帶出了農村的興味。於是乎，名單都是女人們了。這是偶然，不代表男人不醃漬。

這也與人類文明有莫大的巧合，女人總握有生產、收藏種子、運用植物等等能力。生命的誕生，植物在人類、豢養的動物身體上所發揮的療效，又或者將人類無形的智慧傳承下來，都充滿了神祕。醃漬與發酵，它們的特質和女人所掌握的能力一拍即合，它們為人類肉眼所不能見的微生物菌世界所掌握，有其神祕；它們須經過時間醞釀，如懷胎在身的種種變化，最後誕生出一個全新生命；它們也借助植物的功效，接菌媒介，或調味引線。蒲姜仔，這款野生植物娓娓道出女人醃漬的故事，通曉神祕力量的她們，在醃漬與發酵的神祕裡優游自在。

女人們告訴我，蒲姜仔、絲瓜葉鋪蓋在米麴、豆麴上，接引麴菌，幫助發酵。宜蘭人時興自家製作豆腐乳

與醬油，若不自己發酵米麴、豆麴，這些也都容易在夏季的市場裡買獲。但我認識的女人們，口耳相傳天然的技術，領我前往蘭陽溪畔採集蒲姜仔，它還有個名字，是黃荊，說的就是成語中披荊斬棘的荊，一款叢生灌木。讀披荊斬棘一詞，總想像這兩種植物模樣險惡、折騰磨人，竟未意料黃荊身形秀逸，姿態拔高，盛夏時粉紫色圓錐狀花序在枝頭搖曳，香氣低調清新。植物學裡，它被歸類為馬鞭草科，光看名字也香。米麴在發酵過程中會產生熱能，水分也會蒸發，蒲姜仔就發揮了保溼、聚熱的功用。倘若米麴太乾，女人們還傳授了將燙過空心菜的水放涼，澆灑米麴。女人們信手拈來這些常民生活裡極為小眾的社群情報。竹篩或瓶甕裡的千萬微生物菌存活，全操之於她們的雙手；每日餐桌上的那一味，是她們的年度醃漬大作，少了這一味，吃慣了的人可是會牽腸掛肚。醃漬、發酵究竟不只是甕子裡的事。

醃漬、發酵，保種造就的生活與味

從種子說起，那是食物有滋味萌發的最源頭。女人說起記憶裡的味道，怎麼做就是差了一點，若要再與味覺的鄉愁重逢，也只有找回佚失的品種。世上許多農作的品種都曾經富饒。開始出現愈來愈多單一物種的大面積種植、單一的人類口味喜好，農作品系一個一個地流失。一位女農，從冬山攜著一袋來自員山旱田的黑豆，攤開放在手心上，是一顆顆黑黑小小、長相凹扁的宜蘭在地品種黑豆，這是一位資深女農自家留種的。冬山女農來到頭城，用黑豆向另位女農交換其他雜糧種子。春天，這些都握有在地品種黑豆的女人們，就在各自的田地裡播下黑豆種子，夏天收穫後，也都各自釀起自家口味的醬油。從農的女人們為自己的醃漬、發酵食保存種子、下田耕種與收穫，她們在這條路上信步往前，並不為了從農的父親或從農的先生，才這麼熱中於農事。她們屬於自己，醃漬的味道也屬於自己。

我收藏了女人們釀製的醬油，每一家的味道都恰如其人，圓潤順口的、簡單質樸的、明亮細緻的、鹹嗆強烈

的，不同的口味、香氣，適於不同的料理。醃漬與發酵，皆是個人的創作，有個人風格與脾性，擁護者各自愛戴，無論高下。醃漬與發酵，往往也是一場集體創作，全家大小投入的家庭手工，或是同儕共同交流學習。它雖開放，但體質上仍是注重私密的，它關乎食譜是不是能流傳、分享，即使食譜流傳，還有手路的養成，這是身體無法被帶走的能力；它關乎選擇與誰共度醃漬時光，投擲的時光會捕獵情感與記憶，成了醃漬、發酵食的一種調味。

搖搖靜置的瓶甕，瓶裡盪漾出人間的漣漪。女人們在家務、農務、社會議題關懷等密密麻麻的皺褶裡，掀開細縫，覓得一處空白，把皺褶用手抹平了，就只是在動物與植物環繞的時空裡放空，可她們真的擅長讓自己在這片刻的時空裡優雅，我們謂之為懂得生活。這個懂得，得要花多少力氣拚搏、奮鬥，如鴨子划水般地，表面優游，不見之處是勤快、疾馳的腳步。謝謝書裡、書外的醃漬人們，在兵荒馬亂日常裡力持優雅，為我們保存了心中所屬的時代味道。

漬物之前

沈岱樺

終於要寫序了，卻不知如何說起。是不是每個初次出版作者的心情都是這樣呢？

二〇一六年是變動的一年，身邊不少朋友都做了不同決定或發生新的變化，連我自己也是。從原本的自由編輯工作轉換為家居生活店的正職店長，開店的每一天就像是工蟻或工蜂，有永遠整理不完的產品、要記每月檔期的販促活動；好好清潔打理門市是必要、從容優雅招呼客人是基本。面對日復一日的勞動，真的很難想像有機會來到寫序的階段。

身為作者身分的我，肯定不是一位好作者。二〇一五年五月，許久不見的阿茉和我約在台北教育大學內的咖啡館午飯敘舊，同行還有繪本插畫家好友春子，那次的聊天過程裡，大前輩級的阿茉編輯跟我們分享她在編輯生涯的吉光片羽，收益良多。記得當時春子正在創作自己的繪本，聊起創作卡關的時候，阿茉鼓勵要「寫給自己心中的小孩」，很輕鬆又有收穫的談笑過程裡，我也允諾要做一本跟漬物有關的書。

書寫時程，被懶散的我給耽擱了。也從原定的單一作者，到阿茉提出的建議，由三位住在不同地方的作者書寫，最後定案是住在宜蘭過著半農半×生活的怡如和定居台中的我成為共同作者，彼此在各自的時空下完成漬物的書寫。因為生活地域的差異，認識的人與相遇的漬物故事，自有不同故事線的發展；怡如寫著生活在蘭陽平原的女人漬物，從農作品種到家庭記憶，透過她的眼光與筆觸，感動於女人在漬物背後的生命韌

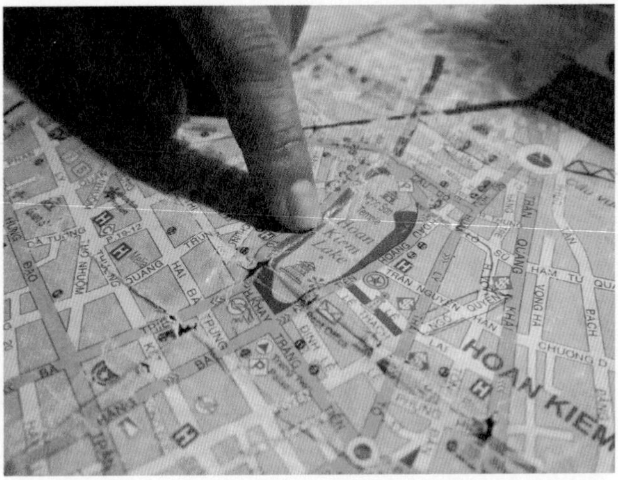
Hoan Kiem Lake
HOAN KIEM

性。

我所記錄的七篇故事，剛好也都是女人。有南方友人的母親、有經營書店的主人、以食物為工作的生活者等，感謝她們願意被我打擾，甚而大方邀請我到家裡或工作室作客。漬物在她們的手裡，是讓料理滋味變得更豐富的魔法，就像書裡其中一位受訪者小馬姐告訴我的：「保存食是料理的祕密武器。現在是苦瓜季節，苦瓜雞湯一定好喝，如果再加蔭鳳梨，風味更棒。廚房只要有漬物，料理就會變得很簡單。蔭鳳梨再加上番茄乾，酸酸香香，很像土耳其人會用水果或果乾入菜。我們不要再被框架綁住了，誰說油漬番茄只能炒義大利麵，還有麵疙瘩、拌米粉。」

以漬物為題，書寫了友人與食物之間的故事。但為什麼非得選擇是「漬物」呢？我想就像一本書店主人Miru說的：「漬物是有時間的，年紀越大越喜歡。」做漬物的人總是有耐心，也很能接受不完美的變化。透過時間，嗆辣有機會變成回甘，越咀嚼越有味道，這豐富的味覺感受是來自時間的積累，也來自物產的純粹。也如同好食光果醬柯亞所言：「漬是一種轉化。以果醬為例，剛煮好的果醬帶有火氣，必須透過時間的轉化與沉澱，才會出現深度的甜味。時間有轉化、整理的功能，賦予食物年紀，讓單薄的滋味變成有厚度。」

和很多朋友一樣，都相信越簡單的道理，越難說明。食物也是一樣的。希望讀者朋友們在閱讀這些篇章的時候，能夠想像我用著很平實的口氣分享這些身邊很棒的朋友，因為她們，讓我深信食物是療癒人心的，也是體驗美感生活的基本練習。

能有這本書的出現，感謝阿茉與怡如，感謝共同完成這本書的美術編輯與出版社。感謝在採訪路上遇見的友人，讓我有機會好好聽故事，我知道這些篇章是寫給自己心中佩服的妳們。相信《漬物語》，有妳們，會越陳越香。

漬在春夏秋冬。

陳怡如

宜蘭的四季分明，端午至立秋的這段期間，陽光最為充裕、大氣溫度飽和，瓜果、雜糧熟成，是最適宜製作農產加工品的時節。家家戶戶就算不是醃漬世家，也都拿得出釀造醬油、做豆腐乳的看家本領。水稻收成加夏季醃漬品加工連番而來，兵荒馬亂之後，終於迎接秋冬的水田休養生息。多水的宜蘭是蔬菜的搖籃，芥菜、白蘿蔔、金棗、洛神花、蔥蒜，灶腳裡忙碌非凡地封存這些美味，香氣陣陣不絕於鼻。宜蘭的女農，是天賦異稟的漬女，她們從女性長輩習得醃漬的工夫，年復一年傳承下去。

心情漬物，漬癒人心

她一直在玩

山上人家的孩子賴碧芬，就像故事裡到處撒下種子的「花婆婆」，她的菜園猶如花園，夏天的向日葵高高佇立，大方綻放；白色的野薑花在樹下低調地吐露芬芳；洛神花的鮮綠葉子盛開，等待在秋天以鮮紅欲滴姿態出場，各種色系的花朵相伴，一季接著一季盛放。她所來自的苗栗家鄉，為滿山遍野的花草樹木環繞，花季更迭，成熟的果香瀰漫。如今生活在蘭陽平原，她與志同道合的夥伴開始一個山居計畫，租下山邊一條龍式的傳統屋舍。老屋的院落鋪上石板，搭設竹籬笆與生態廁所，種下蔬果、花草，引取山泉水，建造土窯。清晨戶外早餐，總有猴子家族爬上相思樹，遙遙相望；夏夜晚風中納涼，抬頭遍看星月。

這是碧芬喜歡山、嚮往山的理想生活。每晚睡前，總愛閱讀「塔莎奶奶」的書，想像自己朝向種出更多美麗的花朵、動物圍繞相伴的生活前進。在菜園工作時，她就像塔莎奶奶一樣，尋寶般地挖出土壤堆裡的馬鈴薯。她的玩心讓每日不間斷的工作有了樂趣，也感染同伴一起玩出生活的興味。「再過兩年好想退休」，退休的生活是什麼，「就是早晨起來喝咖啡、看書，沒有特別的工作計畫催促自己，發呆想想今天做些什麼」。

她是不能將環境、社會公義排除在自身之外的生活者，總是義不容辭地參與、貢獻，每日有許多工作計畫。經營友善食材店家的瑣碎事務，反空氣污染行動的會議，時事議題的上街頭抗議等，這些尚能寫入預期的行事曆中。天外飛來一筆，取得一批近百斤的有機檸檬皮剩食，她和妹妹賴碧逢抽出時間，趕忙加工，醃漬成檸檬乾、發酵成酒、酵素。生活中有許多偶然元素加入，讓她又是玩、又是忙的。

廚房玩出好心情

或許回到童年場景，可以解釋她又玩又忙的生活從何而來。山居歲月，爸媽勤於工作、農事，農務、加工品，都是全家大小忙在一起的工作。時值六歲的碧芬就下廚煮飯，等大哥、大姐下課後，便輪流分工。但玩心仍在的孩子們，每每都要貪睡到最後一刻，才從床上跳起；在生火煮飯的同時，總是禁不住溜出門玩耍。火沒顧好，飯便燒焦了，於是知道要趕緊放入一枚木炭來吸取焦味，就是這麼在忙中玩，玩中忙，碧芬與碧逢姐妹倆，精湛的廚藝中也充滿了樂趣。

「我們的sop就是沒有sop，我們的sop就是當天的心情！」活潑的碧逢如此貼切地形容姐妹倆在廚房的工作模式。每年苗栗山上的梅子收穫後，媽媽與姐妹倆都喜愛製作脆梅與Q梅，三人做法各有所長。有時因為天候因素影響了製程，有時打電話向媽媽問食譜，媽媽傳授別人所教的新方法，如此一來，即使同一人製作，每批製法也有差異，「但每次做的都很好吃」。媽媽的食譜仍然是姐妹倆的心頭好。這個夏天，家鄉務農的小弟採收了一批盛產的豇豆，碧逢隨手上網查詢醃豇豆的食譜，舉棋不定時，打了電話問媽媽。「媽媽以前做給我們吃過，雖然許多年沒做了，但問起時，她總能說出美味的關鍵。」

農作有每年的風土氣味，醃漬、發酵食也是如此，姐妹倆的手足情、在廚房裡的好心情，難道不也隨食材一起封進甕裡，慢慢醞釀出美味呢？

賴碧芬、賴碧逢姐妹

出生在苗栗大湖鄉，是媽媽在家中生產、爸爸親手接生的天然系奇女子。賴碧芬經營「宜蘭友善生活小舖」，與賴碧逢及夥伴們在「慢8樂猿」找回生態生活的能力。

檸檬

它是稱職的女配角，也是光芒萬丈的女主角。蔬果界的梅莉．史翠普，實力堅強，票房保證。

高麗菜

居住在雲霧繚繞的高山上，它一件一件穿上翠綠色的輕裘，收藏氣候送給它的汁甜味美、清脆爽口等天賦，在國民小吃界以泡菜嶄露頭角，為臭豆腐錦上添花。

梅子

節氣清明為界，初始為青梅，適於製作脆梅、Q 梅、梅精。清明以後，轉熟為黃梅，適合製酒、醋、酵素、果醬。

豇豆

喚它菜豆仔，最是親切。鮮炒、煮粥，味道樸實。曬乾、醃漬，個性益發鮮明起來。

Q梅

1 洗淨，挑去蒂頭。
2 用鹽巴醃，上面放重物，醃 4 天。
3 倒掉鹽水後，梅子放在陽光下曝曬，讓表面的水分蒸發。
4 梅子放入甕中，分三梯次加入糖（份量為梅子重量的一半，再依個人喜好增加），第一次加入砂糖，一天後將糖水倒掉。第二次再加入砂糖或冰糖，同樣一天後將糖水倒掉，此次糖水可沖泡梅子汁。第三次加入砂糖或冰糖。可放入紫蘇葉或茶葉來增加風味。

1 洗淨，挑去蒂頭，用鹽巴搓揉殺青。
2 再以木棍敲打皮肉，出現些微破裂，但不能讓果核破裂以免苦澀。
3 泡鹽水（10斤梅子1斤鹽）一個晚上後，用流動的水漂洗、晾乾後，放入玻璃甕中。
4 將煮過的糖水放涼，注入玻璃甕中，糖水醃過梅子高度。糖水濃度依個人喜好調配。

脆梅

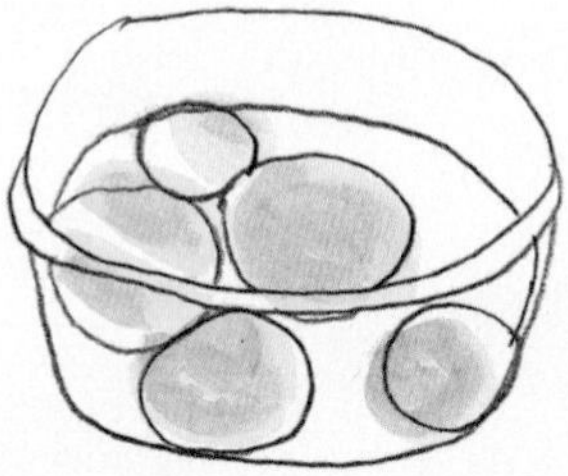

醃豇豆

1 水滾時，放入豇豆汆燙五秒。

2 水與豇豆分別放涼，在水中加入鹽巴，調整至可入口的鹹度。

3 豇豆捲起放入玻璃瓶中，注入鹽水，必須醃過豇豆。靜置常溫中約3~4天後，鹽水會出現混濁，7天後可食。

糖漬檸檬皮

1 將榨汁過後的檸檬皮收集起來，切成1公分寬的條狀。

2 以1公斤檸檬皮、15g鹽的比例，用鹽巴搓揉檸檬皮，置於冰箱冷藏。

3 每天搓揉按摩檸檬皮一回，5天後加糖搓揉，糖的份量依個人喜好。

4 置於太陽底下曝曬，至水分收乾，且富有彈性的程度。

高麗菜泡菜

1 選擇菜梗較細的高麗菜，口感更細緻、爽脆。用手撕下葉子，撒上一點鹽巴，搓揉至高麗菜軟化，置於常溫隔夜。

2 第二天先稍微沖洗高麗菜，淡化鹹度。瀝乾葉菜的水分後，拌入紅蘿蔔絲、辣椒絲，以米醋、砂糖調味，充分搓揉，冰箱冷藏 3 天，每日稍加攪拌，即入味可食。

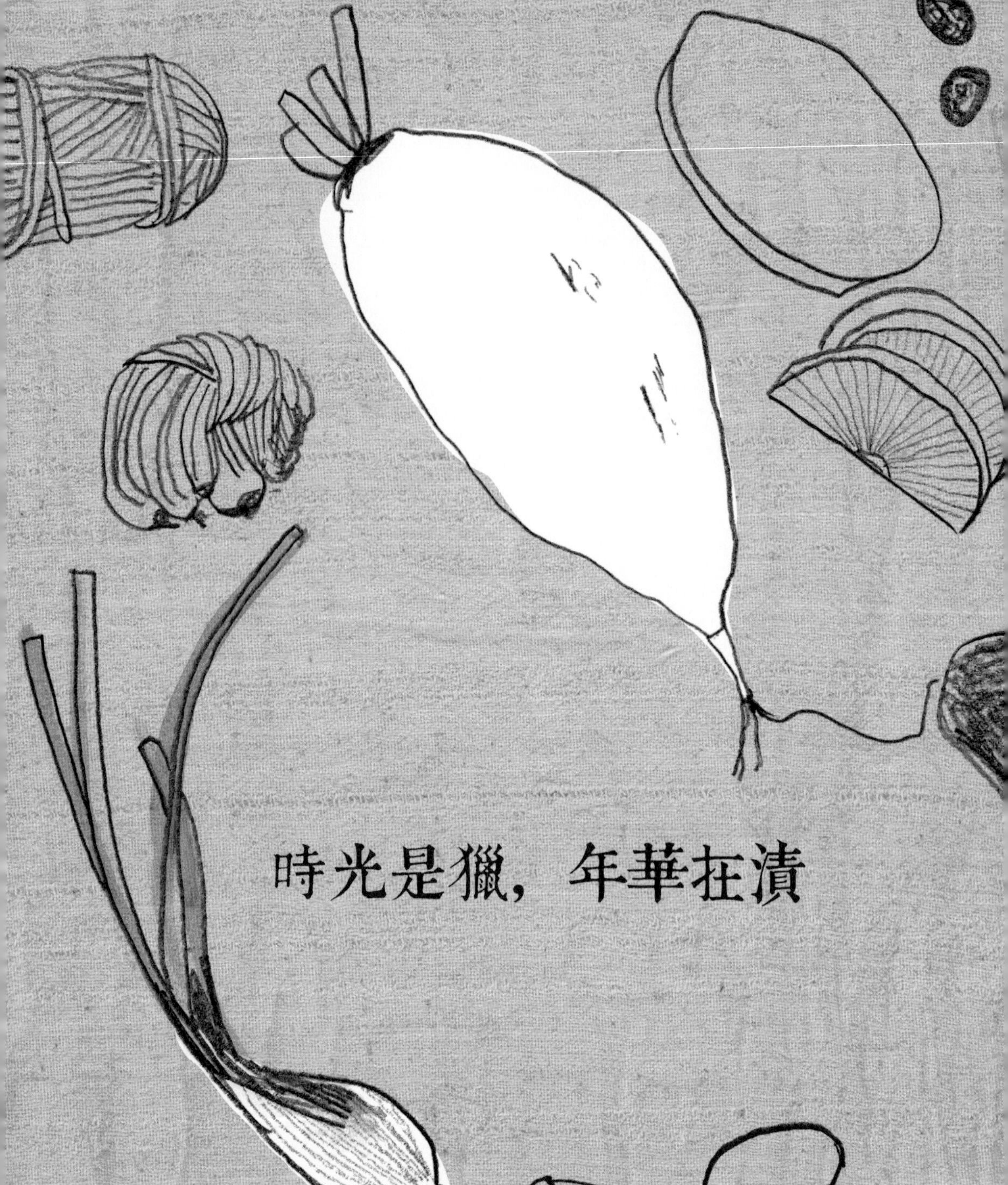

時光是獵，年華在漬

時光・食光

閃爍著銀白色光芒短髮下的臉龐，總瞇著眼，露出一排健康的牙齒，嘻嘻笑。在菜園裡的她，揮舞鋤頭時，還能見其七十三高齡的氣力健壯。市集中，她展售各式新鮮蔬菜、醃漬保存食；現場烹飪食物所用的爐具、鍋具、食材等行頭，是她自己開車載來，更知她活力滿滿。秀出智慧型手機，新學試拍的農作寫真，好學總是雀躍她心頭。愈活愈年輕，莫非醃漬留住時間，青春也能永駐？

朱美橋，人總愛喚她美橋阿姨。剛出生時她被取了一個日本名字——節子（Setsuko）。翌年，「台灣光復」之後，父親以曾經在日本時代偷偷學習的「暗學仔」（àm-oh-á）漢文，重新為她命名，寓意「美麗的彩虹橋」。美橋阿姨的手足總認為父親嚴厲，十個兄弟姐妹中排行老四的她，童年就被送作別人家當養女，卻是最會跟父親撒嬌的一位。「爸爸來找我時，我就做東西給他吃，早上給他沖一杯牛奶。」養女的際遇，琢磨出阿姨的刻苦、懂事；作為女兒的撒嬌方式，也就是體貼地以食事親了。

故事藏匿在時光之林，唯以食物獵捕。打開一罈阿姨醃漬數年的老菜脯，香氣撲鼻。伴隨著製作食物時而有的身體記憶，不思量，自難忘。踩菜脯，想到都痛。美橋阿姨跟著養母這邊的阿嬤學習醃漬，也因為是養女，往往承擔過程中較辛苦的工作。製作菜脯的第一天，要借助雙腳踩踏的力氣，把剛切下的白蘿蔔用鹽巴均勻地醃漬。新鮮的蘿蔔還硬，不僅刺腳，雙腳浸泡到鹽水時，更覺得疼痛。直到第三天以後，蘿蔔軟了，才舒服。現在，她雙手製作，複習這方滋味。

漬情・漬意

往事諸多遺忘，食物的氣味卻屹立在那，清晰地標誌出情感依歸的所在。循著回憶中味覺的紋理，一絲一毫地找回對擅長醃漬、發酵食的母親的思念。去年盛夏，錯過醬油發酵時機的阿姨說：「明年我一定要做醬油。」今年，料峭春寒種下黑豆，仲夏採收、盛夏發酵、熬煮，直至節氣立秋前，歷經半年的醬油活，才算告一段落。阿姨喜孜孜地拿出醬油，露出招牌的瞇瞇眼微笑說：「我好高興做出來了，這就是我媽媽的味道啊！」

這醬油的滋味，往生的丈夫甚是喜歡。阿姨想帶瓶醬油去祭拜，左思右想醬油不能單獨食用，該佐什麼好，結果就買了塊有機豆腐。早些年，她與丈夫同在爆發污染環境事件的RCA工廠工作，身體健康因此受損。她開起販售生機食品的商店，不久之後也開始務農。認真投入種作的她，十數年來耕耘出肥沃地力的土壤，給自己種下了健康，也種出許多人與她連結互動後的感情。

歷經從夏至到立秋四個節氣的忙碌，發酵豆麴、米麴，製作醬油、豆腐乳、醬冬瓜等，阿姨為此消瘦。誇讚阿姨骨力（kut-lat），她反而笑稱自己是懶惰，在田裡工作總想著怎樣做可以偷懶、省力。因為七十幾歲了，健康的體力很珍貴，「力氣還要用在照顧自己，不能隨便用掉。」阿姨的時光也很珍貴吧！愈陳愈香的梅乾菜、老菜脯、醃漬八年才從紫蘇梅轉化而成的烏梅，她把年華細細密密地摺疊在陳年醃漬物中。醃漬可有經驗之談？美橋阿姨神采奕奕地說：「我愛做東西，有想像力的時候，就不太會失敗。」

朱美橋

宜蘭友善農業界的資深女農，獨特養土工夫，地力肥沃、蔬果健碩，老當益壯。醃漬工坊裡，收藏她的漬物傳家寶。

芥菜

吃一篇芥菜心理學。六月芥菜假有心：虛情假意。十月芥菜起囉心：情竇初開。 十二月芥菜有心：真心真意。

白蘿蔔

平衡感練習，從舌尖開始。天熱食熱，天冷食涼，「冬吃蘿蔔夏吃薑，不勞醫生開藥方」。

梅子

是醃漬的入門，凡涉獵醃漬者，必在清明時節領受戰帖。也是醃漬的高級班，經得起等待，才能抱得陳年的珍貴滋味。

蕗蕎

葉似韭，鱗莖似蒜，醃漬後，獨一無二。過年採收，宜炒食鮮吃；六月採收，宜醃漬。

醋漬蕗蕎

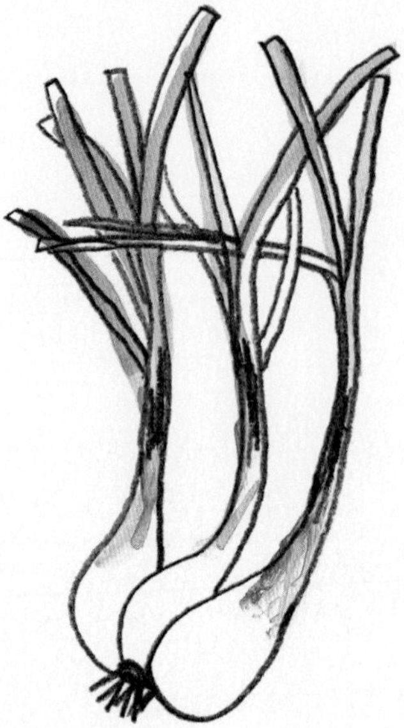

1 先剪去根，頭也不留太多，以保持脆度。

2 清洗數遍，洗去外皮。

3 直接放入鹽巴醃漬，上壓重物。經過 2 天後，倒掉鹽水，再加入糙米醋、糖調味。蕗蕎屬於五辛，美橋阿姨茹素，不能食用，憑感覺調味。

梅乾菜

1 芥菜採收下來後，先攤在陽光下曬，直到沒有水分，萎縮、軟化一些。

2 用鹽巴水醃漬芥菜，仔仔細細地一葉一葉醃漬，上壓重物，在常溫發酵十數天後，轉化成黃色，帶著乳酸香氣，即為酸菜。在這個步驟中，容易因為溼氣高而變質，要特別留意。

3 若繼續將酸菜拿至陽光下曝曬，曬到乾，就成了梅乾菜。

4 將曝曬完成的梅乾菜取下，再以鹽巴搓揉，放入甕中保存。

5 美橋阿姨的手路菜：吃素的煮法，可以滷苦瓜、筍絲、竹筍乾。將蒟蒻鋪放在碗公中，梅乾菜用油稍微煮過，放在蒟蒻上，蒸一蒸，就是道辦桌菜。

老菜脯

1 選擇外皮乾淨無損的白蘿蔔，洗淨。
2 白蘿蔔毋須去皮，切塊後，皮朝下、肉朝上曬乾。
3 醃漬過程總計需要白蘿蔔重量 10% 的鹽巴。第一次先用多一點份量的鹽巴醃漬蘿蔔，用手將蘿蔔揉到軟化後，再以石頭壓，使盡量流出水分後，日曬 3、4 天。
4 再取一點鹽巴，份量要比第一次少。再揉，再壓，再日曬。直到菜脯出現滿意的爽脆度後，可以收進甕裡保存，愈陳愈香，顏色亦會愈來愈沉，多年後即是老菜脯。

梅精丸子

美橋阿姨在自己製作的醃漬物中，最喜歡梅子，因為可以當零嘴吃。她的母親從沒醃漬過梅子，有關梅子的加工品，是阿姨從厝邊頭尾觀察、交談、學習而來的。

1 將青梅洗淨，以木棍將梅子肉敲破，使肉、核分離。

2 取可分離果肉、果汁的果菜汁機，將梅汁榨出，放入陶甕中熬煮。先以大火煮滾，再小火慢熬 72 小時。時間很長，可多幾位人手輪流看顧，切記不能熄火後再重新開火。過程中偶爾要攪拌，不大會產生泡沫。

3 以上 1、2 過程就是費時地敲打和熬煮，阿姨俏皮地以台語說：摃佮焄（kòng kah kûn）、摃佮焄，來形容費時地敲打和熬煮過程。直到 72 小時後，呈現黑褐色的濃稠狀，即是梅精。

4 將炒香的米糠、蜂蜜等放入梅精中搓揉，揉成丸子狀，入甕保存。

幽微中的醃漬星光

照顧自己，做生命的肥料

遠遠地觀看黃宇君，她好似一顆寧靜的星體。裁縫衣物、植物染布、山邊取水、烹煮好食、劈柴生火、醃漬發酵，緩緩地生活節奏。登上她這座星體的人，會感覺到一團慢活的熱氣圍繞腳踝，步履慢下來了，不知不覺也度日她的如年，只怕思凡。

她是第四年務農了，在此之前從事社工，是一份幫助他人的工作，卻因為繁忙而折損了自己的精神，只剩肉身為「活著」不停地運轉。偶然的機會下，在就學的城市裡幫農，也在家鄉的農夫市集擔任志工，引領她回到宜蘭的土地上務農。她持續地省思社工的身分與責任，究竟在她生命中，社工的意義為何。當逐年、逐年地將自己種回土地後，她終於領悟社會工作的源頭要回到自己好好地生活、認真地經歷當下的一切，如此照顧好自己後，才有能力照顧別人。

照顧自己的方式，猶如她照料農作一般，採取自然的農法。「手作，給人機會慢下來，療癒內在心靈。我總是提醒自己，日常生活中盡可能減少機械工具的使用。大型、插電、吃油的機具，為人們帶來快速便利，卻也讓人忙碌於做更多事情，而失去過程的樸實與美好。」

順其自然就能產生幫助別人的力量，一如四季的法則，在春天種下的洛神，到了秋天便開花結果。她採集美麗的紅色漿果，在老宅裡的大灶上煮果醬。她與大學的學弟德浩，嘗試用果醬友善土地與人群，邀請大家透過購買洛神果醬，來支持社會福利單位，與系上的花蓮工作隊。

善的循環，種什麼做什麼

在宇君這座星體上，所有生命存在的軌跡，都有一套循環法則，彼此相映，環環相扣。她舉閱讀《阿納絲塔夏》書中有所感觸的啟示：「把你想說的話告訴土地，祈禱作物長得好，土地就會和你連結，長出你需要的元素。」她做加工品的想法，也是如此：「我期許加工品食材，來自自己的田地，農產品就會產生能量。」於是乎，種洛神花，做果醬；種米，發酵米麴，進一步做成豆腐乳；種黑豆，做醬油。

每逢盛夏，製作醬油的前夕，她便驅車前往海邊撿拾漂流木，為了燒柴煮醬油而準備。「我覺得從頭開始，取材大自然的東西，這樣的感覺很好。大自然可以無條件地接受人類，我們為什麼不能寬容地接受別人？人與人之間的相處有許許多多課題，人與自然相處相對輕鬆、自在。」

喜歡與自然相處的宇君，愛採集野菜來煮食，也以野草來調解身體上的症狀。例如春天時分，盛放的鼠麴草用來製作草仔粿，應景清明節。初夏五月，經日下田除草，便以車前草煮茶解熱。田間除草而得的尖瓣花、疏苗而來的芝麻苗等，清炒加菜。冬日夜晚，以曬乾香茅草燒熱水泡腳去寒。

從植物身上得到的照料，也反應在她的個性轉變上。務農以前，宇君的個性原本急躁、好強。田間的修行，讓她逐漸趨於嚮往的寧靜、緩慢。她說：「只要思想純淨地去想像，心之所向的畫面細節，有天就會真實呈現。」正慢慢醞釀、構思理想山中生活的她，投射出看似微小卻明亮的星光，默默地照亮她周遭的親朋好友。

黃宇君

宜蘭羅東鎮人，經營「以穀會友」園地，與穀友分享個人的節氣生活。現居冬山鄉鹿埔村老宅，院落裡餵雞、縫衣、曬物、戲貓、泡腳、打屁聊天。

洛神花

粗放種植在菜園四周，兀自生長，可有可無。熬煮製醬，鮮紅果漬沾染雙手，方知其豔麗得傲視群芳，秋冬蔬果舞台上的唯一焦點。

野桑椹

與梅子在同個節氣連袂而來，一個是巾幗不讓鬚眉，一個是紅顏知己。野桑椹，鮮吃、製醬、釀酒、染衣，味香色風情萬種。

洛神花果醬

1 洛神花去籽，將花萼洗淨晾乾，籽留下備用。
2 花萼以糖醃漬一晚，以利產生湯汁。糖的重量為花萼重量的一半，亦可略減。
3 將籽放入水中煮滾，所產生的大量果膠，將用於果醬製作中。
4 糖漬過後的花萼放入鍋中熬煮，適時加入 3 的果膠水。
5 過程中不時撈出泡沫，熬煮至喜歡的濃稠度，即可熄火，裝罐保存。

野桑椹果醬

1 採集五月盛放的野生桑椹，洗淨晾乾。
2 先以糖醃漬果實，以利產生湯汁。糖的重量為果實重量的一半，亦可略減。
3 將糖漬過後的野桑椹放入鍋中熬煮，加入檸檬汁以增加果膠。
4 過程中不時撈出泡沫，熬煮至喜歡的濃稠度，即可熄火，裝罐保存。

漬家藏種

種子，滋味的源頭

有些滋味嘗過了就不能忘，直到很久以後的某日，擁有在廚房裡復刻味覺記憶的能力時，卻發現味道的拼圖，少了一塊，怎麼樣也拼不完整，那問題不是出在時空久遠，影響了感官，而是因為品種消失了。王麗月坐在自家源禾綠農場的一隅，邊醃漬著剛採收下的珍珠芭樂，邊回憶道：「小時候的零嘴很少，難得吃到外面賣的醃芭樂，教我不能遺忘，多年來嘗試製作，找尋記憶中的味道。但是，早期的土芭樂，如今不容易見到了。常見的珍珠芭樂，水分較高，醃漬過程中容易失敗，後來我把它曬乾再醃漬，有找回來一點點童年的滋味，咬一口我就想起了兒時與同儕之間的回憶啊！」

滋味雖說是鄉愁，多少繚繞著懷想與浪漫。但對於出身在農家的麗月來說，辨別食物的味蕾是敏銳的，品種與品種之間、好吃與不好吃之間，就是是非題。「童年我家後院種了很多果樹，但都各只有一棵。一棵龍眼樹、一棵蓮霧樹、一棵梨子樹，芭樂樹則有兩個不同品種。當時我是生活在大家族裡，兩個家庭和阿公、阿嬤住在一起，東西都要共享，一個小孩子能擁有的東西很有限，我所喜愛的，就是爬上芭樂樹，把每顆芭樂咬一口，好吃的拔下來慢慢吃，不好吃就留在樹上不拔了。」對土芭樂香氣的記憶，在那時牢牢地寫入記憶晶片裡了。

對遠逝的品種朝思暮想，也說明了農家對於食材別有深情。農作種植過程中，自己扮演如同家長般的角色，悉心呵護，更自家留種，讓已經記憶了環境條件的種子家長，可以繁衍一代又一代更切合在地環境、口感也更為人喜愛的種子小孩。

思念，是一種饞

麗月的先生程超傑，投入在農場中種植、留種、教學、販售等多項工作中，他種植出自家留種的青皮苦瓜，是家中無論老少都愛吃的滋味。這苦瓜的苦滋味，麗月形容是出了社會、有了歷練，才能真正懂得的好吃；而這苦瓜的滋味，究竟也不再苦了，成了思念的味道。「小時候不敢吃苦瓜，總愛問爸爸說苦瓜好不好吃，爸爸都回答好吃。我鼓起勇氣試吃了好幾回，總好奇爸爸怎麼會說好吃。現在，我是每每吃到苦瓜就想起爸爸。」思念是饞，咬齧味蕾。四季都想吃到苦瓜的滋味，關於醃漬的方式，她從回憶中探尋。

「媽媽特別會醃蘿蔔乾、大黃瓜，我對小時候吃過的醃漬品印象深刻。」於是麗月憑著對母親醃漬手法的聯想，特製了只有自家農場才有的糖酒漬苦瓜。向青春期女兒訴說了這些有關苦瓜的家族故事，女兒也格外愛喝青皮苦瓜蜂蜜汁。

愛吃是一回事，消化盛產又是另一回事了。農家的料理家都是在盛產食材中歷經千錘百鍊的能人，在各式各樣的煎煮炒炸之後，若還吃不完、賣不掉，加工品絕對是天無絕人之路。自家農場生產各式各樣的作物，練就麗月一身料理的好工夫，這也意味著她經常隨著四季的農作盛產而忙碌。農務工作沒有上、下班打卡鐘，細密繁瑣的農務工作，一路從菜園、稻田忙到客廳、廚房。她曾經想過若不是身為農場主人，過著更為單純的朝九晚五生活，是否就比較好。「但反過來想，沒有這樣的生命經驗，我不會有這麼豐富的領悟。我覺得我骨子裡就是有喜歡手作的欲望，剛好有了這樣的生命際遇，讓我發展出來。」因著自己的喜好，麗月喜歡動手製作植物染棉布，色澤樸實素雅，如同她的醃漬耐人尋味。

「對別人來說是好吃的滋味，對我來說卻是鄉愁。吃一口醃漬品，會回想起美好的過往，它在我生命中好重要。」

王麗月

台中人，婚前從未到過宜蘭，偶然梨山水果來結緣，與先生程超傑婚後居住宜蘭員山鄉，共同經營「源禾綠農場」，從此挖掘出料理、染布等手作天賦。

芭樂

喚珍珠，不是萬眾矚目的那一位。乖乖牌，耳熟能詳、琅琅上口的滋味，四季盛產勤學獎。

苦瓜

是一張臉譜，歲月、歷練、人生、江湖。撒把鹽，去苦水；牙一咬，做人上人。

麻竹筍

蘭陽平原，竹圍環抱古厝。綠竹林，變身日日生活的竹之物。清晨採集黑色土壤裡的珍饈，化身夏日餐桌的竹之味。

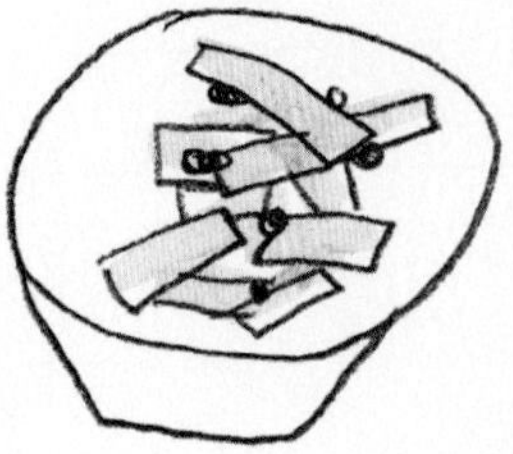

油漬辣筍

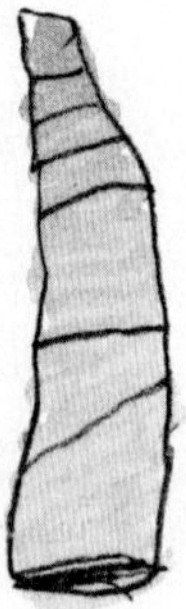

1 麻竹筍去殼、洗淨後，順著筍子的生長紋理縱向切絲，筍子口感會更軟嫩。

2 筍絲放入滾水中煮 15 分鐘，取出瀝乾水分。

3 鍋中放油，小火炒辣椒，取出辣椒後，再炒筍絲。筍絲需有足夠的油分才能保持軟嫩，過程中視情況再添油。炒至水分收乾，再以鹽、糖、辣椒調味。

漬苦瓜

1 苦瓜盛產的季節，市面常見瑩白色、粉青色與深綠色的苦瓜，肉質口感不同，烹調方式各異其趣，選擇質地清脆的青皮苦瓜來製作這道醃漬物。

2 將苦瓜對半切開，把囊挖掉。囊有營養，若不怕苦可以不用去得太乾淨。將苦瓜切成數片，並兩面塗抹鹽巴，用手掌擠壓出水分，曝曬至完全乾燥，可以輕易地捲起。

3 在乾苦瓜兩面均勻撒上砂糖，捲起來放進罐內，再撒上一層砂糖，並注入五分滿的米酒。放置半年後入味，味道甘甜。

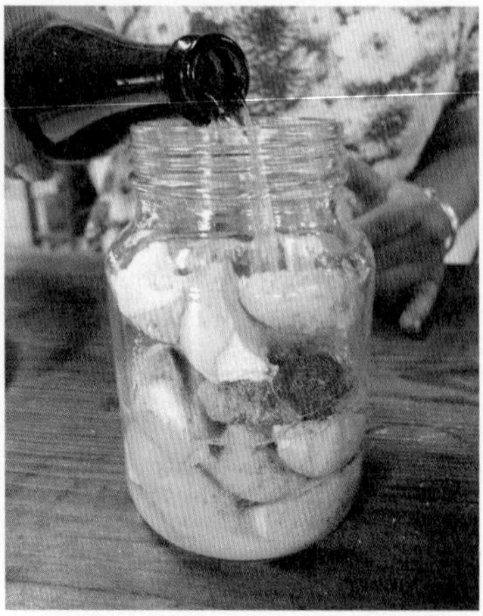

漬芭樂

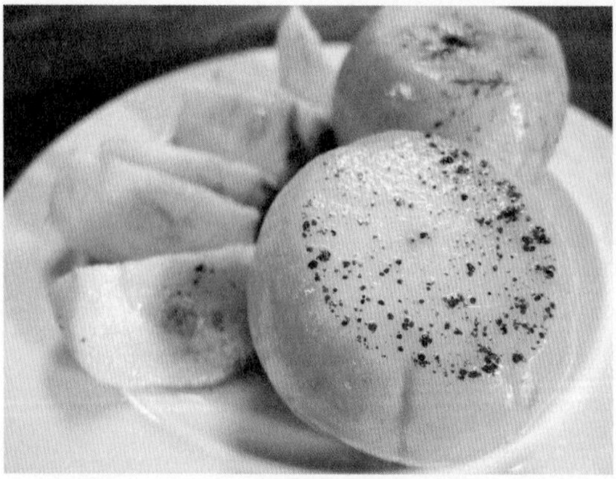

1 挑選體型小顆的芭樂，有助於醃漬更入味。洗淨後，削去蒂頭。

2 整顆放入滾水中煮，顏色會從鮮綠色褪色成鵝黃色，即可起鍋。

3 將芭樂浸泡在砂糖、梅粉、飲用水調出的甜梅汁中，浸泡隔夜，冷藏後食用更入味。

4 另一款漬法，同1步驟，切片，曝曬至乾，然後一層芭樂一層砂糖，放入甕中，最後注入一點酒和米醋，待芭樂軟化入味後即可食。

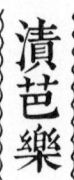

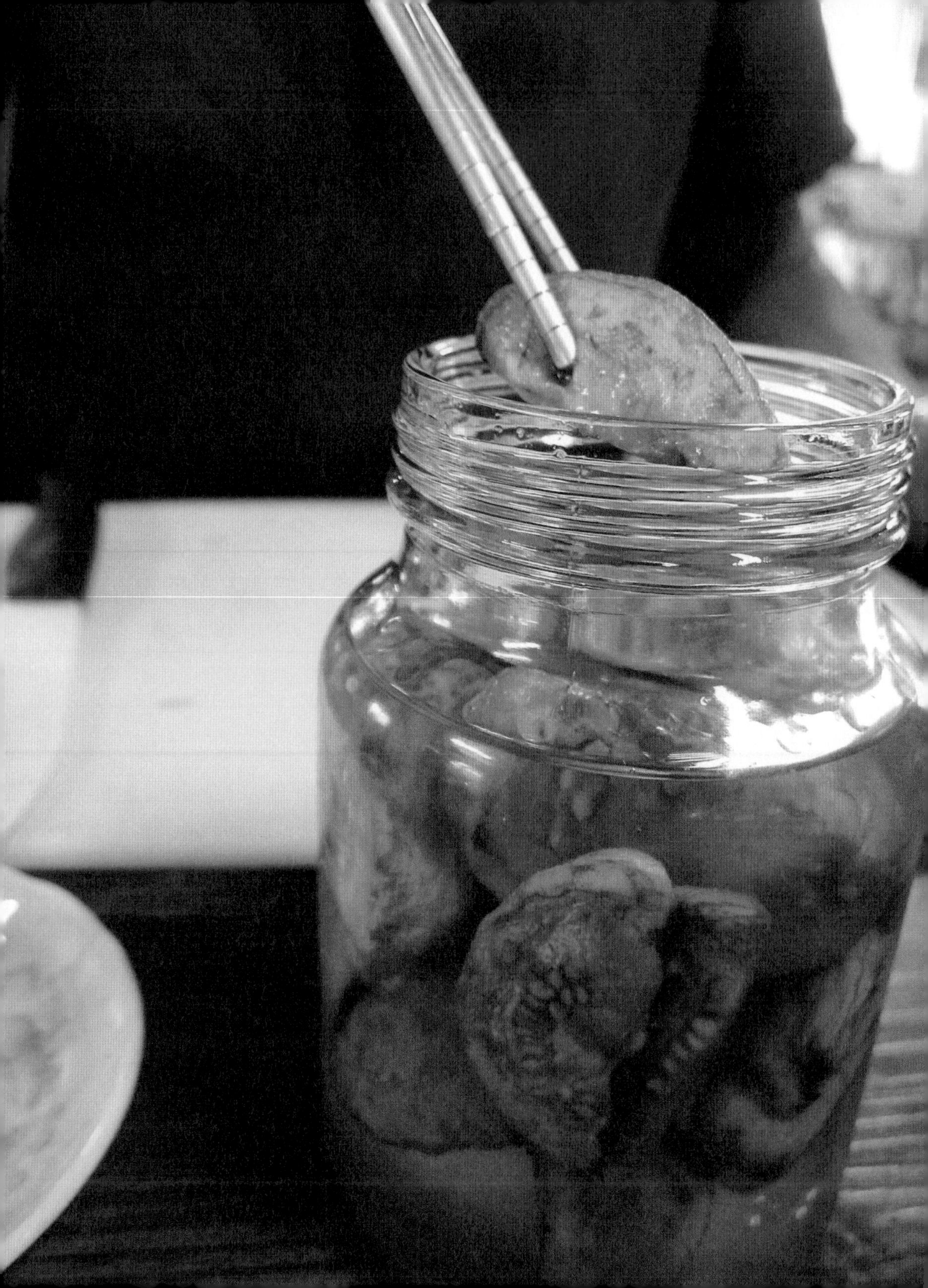

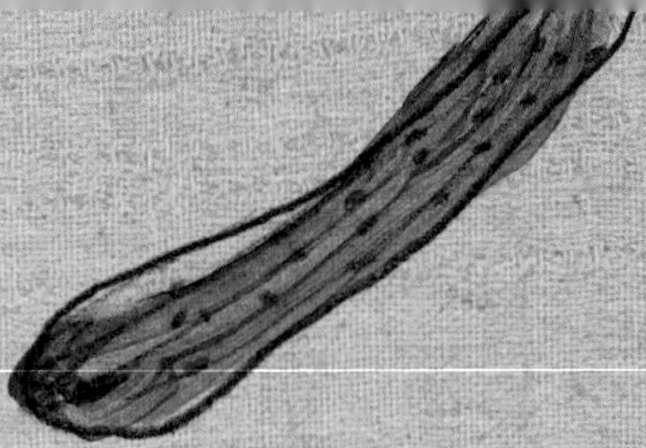

用醃漬爲你辦桌

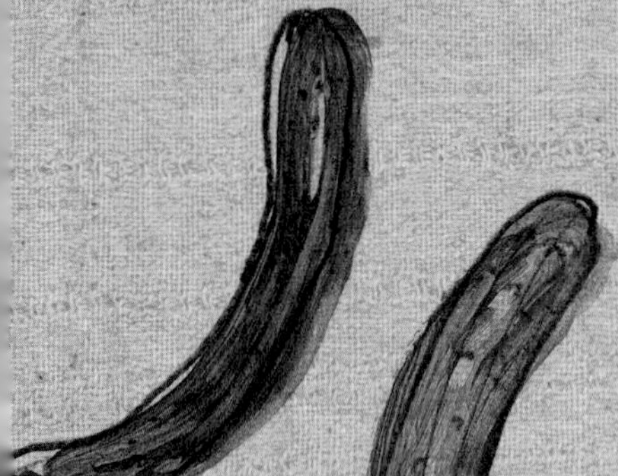

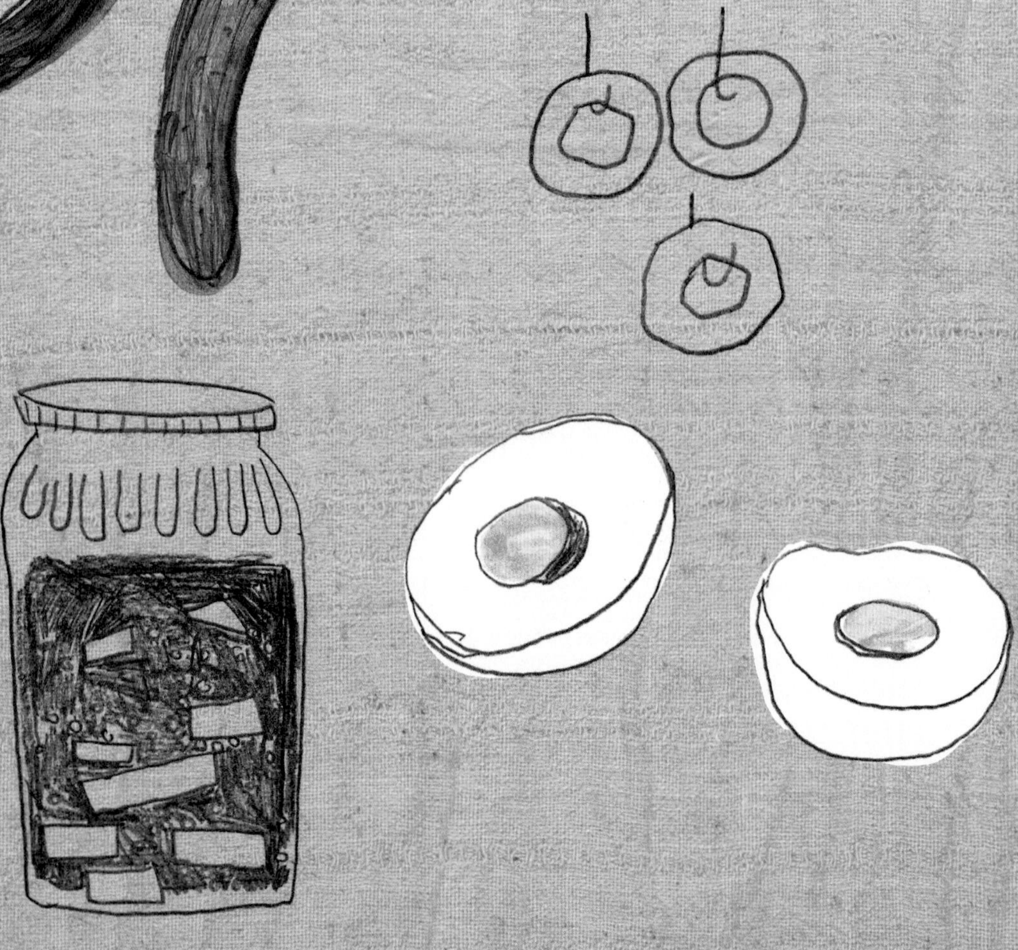

農家辦桌，同聚一村

黃澄澄的稻穗都收割了以後，吃碗「割稻仔飯」——飽滿剔透的白米飯、香滑的菜脯蛋、滷汁飽滿的焢肉、軟嫩的清炒地瓜葉、香煎豆腐佐香甜醬油，一整季耕耘的辛勤，都拋在腦後了。合群農莊的主人，張素珍、方中和夫婦，每每為村裡的友善小農籌備割稻仔飯辦桌，所用的食材多半是友善耕作或自家釀製，總是周到又豐盛。張大姐爽朗地說：「就把你們當成自己家裡的小孩來吃飯，當然要煮得很豐盛呀！」

十年前，為一圓退休後田園樂的夢想，張大姐與方大哥選擇定居在員山鄉寧靜的村莊。「那是在冬天，我接到房仲電話來看地，瞧見隔壁阿婆在水溝洗衣服，心裡想著，現在什麼年代，還有人這樣洗衣服！」當下方大哥充滿了心動的感覺。現在，這個令人心生嚮往的村裡，有愈來愈多的友善小農遷入。

每每看到年輕的小農，張大姐就回憶起自己國、高中年紀時，幫忙家中工作，承擔許多粗重活兒的苦澀過往。所以，她好氣又好笑地感慨小農們志願從農的辛勞與傻勁。時而扮演家長的角色，關心小農們的生計與未來。但是，她總是選擇最直接的行動，用一餐一餐的美味來支持小農。

小農經常上合群農莊串門子，向他們取貨每日早晨現作的手工豆腐、手工饅頭，或是名聞遐邇的醃漬、發酵好食，如鹹蛋、醬油、豆腐乳等，在小農所開設的店家或經營的社群內寄售。也常見小農拿著甫收穫的農作物讓張大姐實驗料理，看看在她的巧手之下展現出的色香味。友善農業讓大家匯聚一村，食物又讓大夥兒齊聚一堂。

那片醃漬的風景，常駐我心

農莊依傍稻田，從地底自然冒出的湧泉水，只消矮凳一張，就在桑椹樹下悠然地清洗食材與碗盤。湧泉豐沛地澆灌菜園裡多元富饒的作物，十年養土，大地依著節氣長出的作物，滿是健康、朝氣。主責耕作的是方大哥，廚藝精湛的張大姐主責料理。兩人從菜園採下小黃瓜，象徵新鮮的白色果粉與絨毛細刺，還鋪在小黃瓜表面。菜刀聲此起彼落，為加工成脆瓜而將小黃瓜切段，過程中，同心協力，也一邊鬥鬥嘴。

兩人相識的緣分，也是從一頓頓的飯菜建立起來的。張大姐的父親是營建承包商，家中常有工程師傅吃、住在家，她經常幫忙下廚，燒柴生火煮大鍋飯。方大哥曾服務於東部鐵路改善工程處，偶然機會借住在他們家，彼此認識。從大鍋飯到精緻的家常料理，這過程中，全職家庭主婦的張大姐，曾經每周坐車北上實踐大學，研習中餐料理，「搭夜車回到宜蘭，真的好累！我對料理就是很有興趣！」

總聽聞宜蘭家家戶戶精通醃漬，張大姐的童年經驗可不同：「做這些醃漬物，食材、調味料都要先有本錢。我家裡沒有錢，掌管家計的媽媽根本沒有機會做。」定居在員山後，見在地阿婆做醬油、醃脆瓜，觸動了張大姐的料理魂。她勇於嘗試，方大哥則實事求是，扮演她的左右手。十年來胼手胝足投入醃漬與發酵，「我們從長輩那裡，學習到她們慷慨分享出來的食譜，這些口耳相傳的食譜都只是原則性，我們喜歡看書研究、觀察比較，並且加以改良，現在做出來的就是我們自家的口味，也是親友年年期待的滋味。」

醃漬，既是理性的學習，也是感性的分享。多雨的宜蘭，難得盛夏時陽光普照，把握住一年一度的醃漬與發酵，留住光，收藏甕裡，也封存每年人與人，人與食物相遇時的歡笑。

張素珍

宜蘭羅東鎮人，與先生方中和遷居宜蘭員山鄉經營「合群農莊民宿」，開始了退而不休的生活，種作、養雞鴨，日日做豆腐，年年熬醬油。

鴨蛋

過了鹽水後成鹹鴨蛋，一如丹鳳眼，東方臉孔的識別，
這獨特的東方滋味啊！

小黃瓜

從春季到夏季皆能收穫，表面帶刺絨毛者，最是新鮮爽脆！生長速度快，過時不採，便樣貌過長、滋味過老。有瓜勘折直須折，極為勵志。

冬瓜

八面玲瓏之物，宜甜又宜鹹，宜清爽宜濃郁，夏季解熱，缺之不可。日本有鹽麴，台灣有醬冬瓜，料理提味的極品也。

醃脆瓜

1 小黃瓜切長段，蒂頭切掉免除苦味，以鹽巴醃漬，鹽巴份量是小黃瓜重量的0.8%，上壓重物。
2 2天後，倒掉鹽水，將小黃瓜曬乾。
3 曬乾後的小黃瓜浸泡在煮過並放涼的醬汁（兩瓶米酒、兩碗醬油、糖）中。
4 張大姐的手路菜：脆瓜肉燥蒸豆腐。先將脆瓜、豬絞肉等以鹽巴調味並拌勻，放在切塊的豆腐上，蒸熟。

鹹鴨蛋

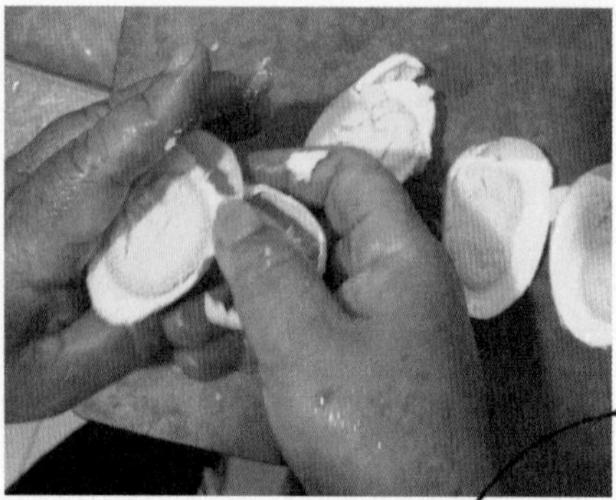

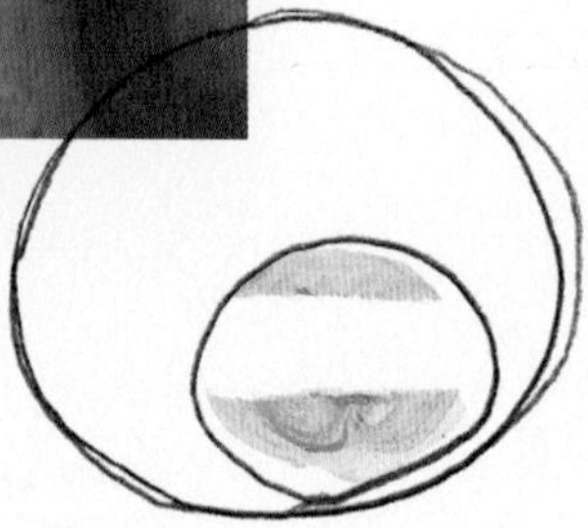

1 將鴨蛋洗淨。

2 調製飽和鹽水，蛋放入時會浮起。

3 將蛋與鹽水裝入玻璃瓶內，使蛋完全浸泡在鹽水下，並放置陰涼處約 18 天。

4 取出鹹鴨蛋，冷藏保存，食用前先蒸熟。張大姐的手路菜：鹹蛋苦瓜。先將蛋黃爆香，放入切片山苦瓜，再加入蛋白，大火炒熟。

醬冬瓜

1 冬瓜削皮去籽，切成環狀，用繩子穿過冬瓜，曝曬在陽光下。
2 當晚取下冬瓜，切成大塊，以一層冬瓜，撒一層鹽巴，醃漬一晚。
3 第二天再曝曬冬瓜至乾，準備一只玻璃甕，重複擺放一層冬瓜、一層米麴，最後加入米酒。置於常溫中發酵，至冬瓜顏色變深。

張大姐的手路菜：醬冬瓜蒸肉、醬冬瓜鮮魚湯。

廚藝收藏
長輩的農藝

當記憶成為技藝

從小生長在爺爺、奶奶位於嘉義朴子的家中，對林秀玲來說，農務就是生活的節奏。「兄弟姐妹三人踩著三輪車去幫爺爺、奶奶做農事。春天採收荸薺，夏天採收花生。栽種水稻的季節，我們就在稻田除草。」童年時光豐富的農務經驗，讓現在的她更深刻地體察耕作者的辛勞，格外珍惜農產。

結婚後，一家生活在宜蘭員山鄉。公公種植的十五年西施柚老欉，年年結實纍纍。每逢中秋節過後的節氣「霜降」，肥圓飽滿的西施柚才姍姍來遲。食客早已吃膩文旦，企盼嘗鮮冬令水果滋味，哪怕西施柚再多汁鮮嫩，總難覓知音。西施柚多汁鮮嫩的優點，反而因為皮囊厚，不易即剝即食，以及食用時湯湯水水滴滿地，十分狼狽，成了大家嫌麻煩而不吃的原因。秀玲動手做起了蜜柚蜜醬，想保留農作的美好。

在秀玲的童年記憶中，穿插在農務期間的加工生產，就是「小確幸」！她回味：「爺爺、奶奶炒著盛產的花生，我們小孩就幫忙搗碎炒熟的花生，搗到花生都出湯汁了，撿出皮、加進糖，忍不住一邊用手挖來吃。」把童年記憶收攏在料理的技藝上，再以廚藝呈現出農藝的美好。她發揮對農作物性質熟稔的觀察力，按作物特性做成醃漬品，這會兒不僅珍惜了公公栽種的西施柚，也帶給自己三個孩子嘗到甜食的幸福感。

一代一代從不走味

在醃漬加工屬於全民運動的宜蘭，人們不乏管道，得到一帖流傳於左鄰右舍之間的食譜。食譜人人唾手可得，詮釋出的味覺則有家家戶戶的特色。一年一度的醃漬加工時機，怎麼確保將自家味年復一年地傳承下來呢？「我的經驗是用心地觀察，也會去想邏輯，是什麼原因造成這樣的結果。」

用台語「做代誌頂真」來形容她，最為貼切。煮果醬的這天，廚房就不能同時進行其他料理；專屬煮果醬的鍋子，也絕不做其他烹飪用途。這些嚴謹的要求，是為了避免料理之間的氣味、味覺相互干擾。專心、純粹的學習特質，使秀玲的料理技藝總能表現得盡善盡美，因而能將家族長輩的料理如實地記憶於手藝。

先生的八十歲姑婆是秀玲傳承「宜蘭味」的對象。按著節氣的宜蘭味醃漬、發酵食，分為台語稱之為「鹽路」的鹽漬系列加工品，如脆瓜、筍乾、高麗菜乾、蘿蔔乾；以及「醬帶」的豆麴、米麴、醬油、豆腐乳、黑豆豉、豆瓣醬。秀玲回味：「我剛開始跟著姑婆學習做醬油和豆腐乳的時候，姑婆就住到我家貼身教學。第一年她全程示範，我在旁邊擔任助手。第二年，她擔心我不會獨立製作，主動說要來住我家。她一邊看著我操作，一邊指導，還誇讚說想不到我都學起來，她沒講的我也都會，有用心學習。」

盛夏時分，秀玲在家中的芭樂樹下鋸木、燒柴，蒸煮著米麴，也與孩子圍坐在院落裡填裝豆腐乳。爐裡暖紅色的火光、風經過樹葉沙沙作響、庭院裡成熟水果的香氣、長輩殷切叮嚀的話語、親子間的嘻笑聲，都給加進玻璃瓶裡慢慢醃漬。

原始社會裡，總有擅長記憶寓言故事的女人們，像握住人類生命奧義的一塊拼圖。秀玲，記憶味道的人，玻璃瓶中的一塊腐乳，為她與親人構築一代一代的生活風景。

林秀玲

成長於嘉義朴子，婚後曾居住在宜蘭員山鄉，生活中持續向孩子分享食育、手工藝。廚藝之外，也精通禪繞畫。

西施柚

膨皮膨皮，juicy juicy ！風韻迷人，堪比西子。
膨皮 (phòng-phuê)，飽滿豐盈。

豆腐

方方一小格，為它磨了又熬，壓了又醃，蒸了又曬。遇上米麴，圓圓一粒粒，經日累月，發酵成腐乳。

蜜柚蜜醬

林秀玲以常見的韓式柚子醬為發想，再加以改良，做出可沖熱茶，亦可直接當糖果嘗的蜜柚蜜醬，甜蜜的尾韻帶著柚子本身微苦口感的成熟韻味。

1 剝下西施柚果肉 2500g，與傳統手工原色冰糖 1000g（果肉的 40%）、一小匙鹽 5g、殺青好的部分柚皮（切丁）、一顆量的檸檬汁放入鍋中，用中小火熬煮。熬煮果醬須選用保溫較佳的鍋具。

2 熬煮過程中毋須攪拌，待表面產生泡泡時，須撈出 1~2 次浮渣。熬煮至黏稠狀為止，須費時 2~3 小時。

蜜柚蜜皮

1 水煮沸後，鍋中放入殺青過後的柚皮（700g），煮 2~3 分鐘後，取出泡冷水。

2 另取平底鍋，放入擰乾水分的柚皮，加一點水、500g 原色細冰糖（約柚皮重量的 1/2~2/3），用中小火，蓋上鍋蓋燜至柚皮呈現透明狀，然後不時地以筷子翻炒，直至柚皮水分完全收乾。

甜酒豆腐乳

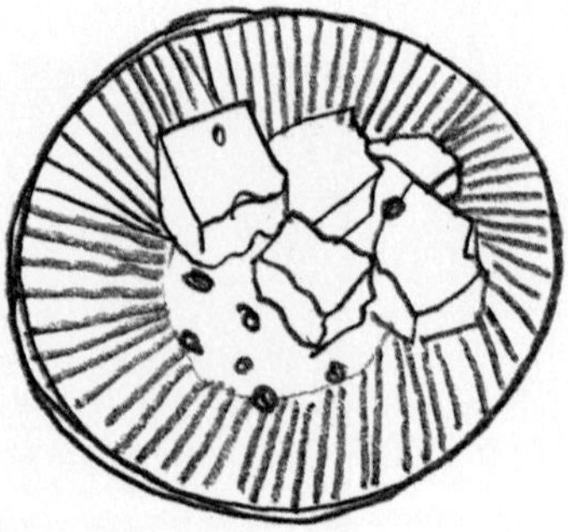

1 將鹽豆腐放入水中，待水滾後撈起瀝乾，平鋪於竹篩上，曬至表面收水。

2 將自家發酵的豆、米麴 400g ，糯米粥 250g 、一瓶米酒，與白砂糖 800g 等混合拌勻，製成豆麴汁，放置 3~4 小時等待入味。

3 將晾乾的鹽豆腐放入已洗淨、曬乾的玻璃罐內，排列整齊，在罐內放入豆麴汁，直到淹過最上層鹽豆腐。最後放入一枚甘草片。

4 將豆腐乳玻璃罐放置於有陽光、通風處，如陽台，且避免受潮。靜待發酵 2~3 個月後，豆腐乳就變得又香又綿密。

外婆的食譜，人生的滋味

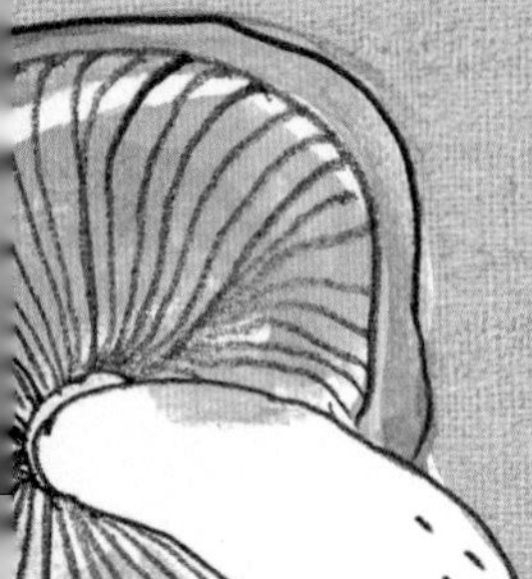

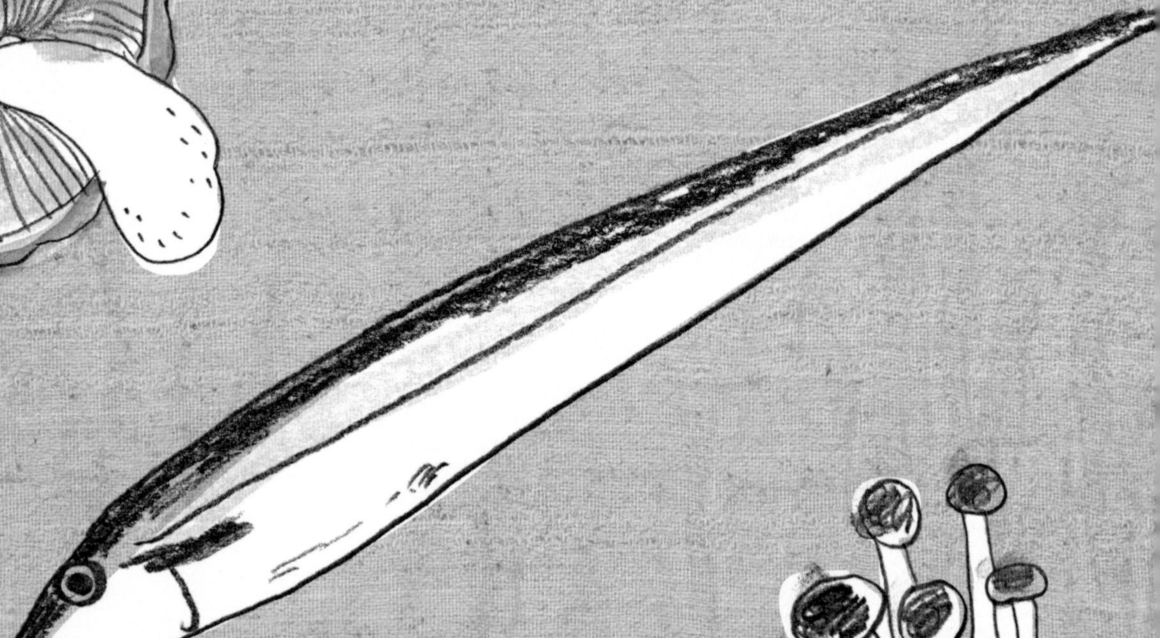

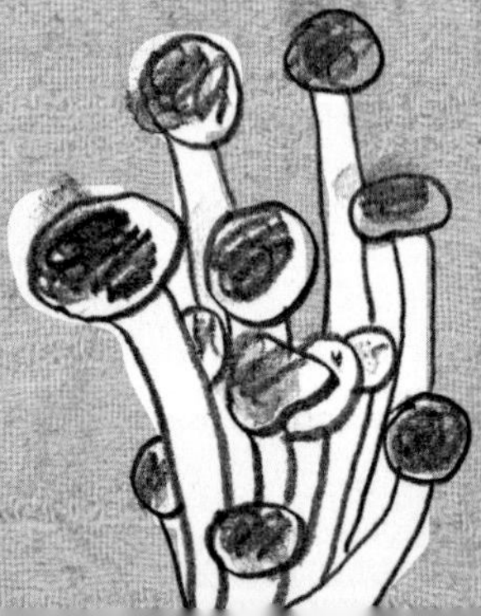

外婆醬缸的生活記憶

那一年，張麗君在宜蘭的恬靜生活，因為一場車禍打亂之後，回到台中烏日老家靜養。烏日是麗君的父輩與母輩的共同家鄉，大家族比鄰而居，洋溢親戚長輩們的關愛與陪伴。她成長的歷程，被一縷嗅覺緊緊繫縛而成家族的記憶。味道，是從外婆的四季醬缸流瀉。熱辣辣的夏天，外婆醃漬產季末期的西瓜、美濃瓜，甜度低，細緻的纖維飽吸鹽與糖的層層醃漬，分送給孩子們，從此寫入家族的記憶。麗君在那一年當中，有計畫地按著節氣向外婆學習醃漬，「做了醃小黃瓜、破布子、曬筍乾、黑豆酒、葡萄酒、蘿蔔乾、高麗菜乾」，四季生活的味道，都給製作醃漬的雙手手心嘗盡了。

帶著康復後的身體回到宜蘭，麗君在獸醫工作之餘種稻，也開始走上料理研究之路。她反覆練習外婆的醃漬品，然而「外婆的食譜」全寫在雙手、眼睛與耳朵，她看食材成熟的狀態、水分高寡、聽食材在鍋中翻炒的聲音，難以完整地被複製。麗君將練習的成品帶給外婆與阿姨試吃，她們的舌尖總能清楚地辨識出不同之處，該說是嗅覺、味覺靈敏，更該說這是一種對生活記憶的執著吧。

以醃漬為紀念

隔年，外婆突然中風，影響了她的語言表達、手腳活動能力。「她很堅持己見，不願意復健，所以無法正常講話、煮飯。在她中風之後，再做她教過我的醃漬品，成了一種紀念。」麗君並不沈湎於味覺的鄉愁，她大量地閱讀異國料理食譜，樂於嘗試習作中、西、日式等醃漬，更著迷於觀察紀錄醃漬過程中味道與型態的變化。

醃漬同時也譜寫了她的生活日記。「做東西時會想起去年此時做了什麼、當時住在哪、那時的生活狀態、跟誰學的、生活周遭有哪些人、別人吃過後的回應。比較有趣的例子是破布子。第一年跟外婆學的，第二年外婆已經中風，務農夥伴看我做覺得我有一種鄉愁，因為在宜蘭很少人做破布子。現在會想明年製作破布子時，自己又是什麼樣的生命狀態呢？」料理，也是人生的道理。「醃漬是保存食物的風味，也收藏人生滋味，每種曾經手做的醃漬品，都隱藏著一段生活記憶和情感。」

味覺文化若消逝了

麗君曾經在居住的村莊經營「貓小姐食堂」，吸引城市人來此親近節氣生活。客人在餐盤中留下破布子不食，或是不知破布子有核就大口咬下等事，讓她體察到味覺將會是消逝的文化。「現在人經常外食，加工品在餐館內也很少見，很有可能會覺得醃漬品是奇怪的食物。倘若沒有人吃，就沒有人生產，這些東西慢慢地會消失在飲食習慣當中。」麗君感慨地說：「這個世代，口味愈來愈全球化，跟其他國家的口味就不會有太大差別，這滿可惜的。」儘管如此，麗君依然潛心研究料理，每到周末供餐前，便親赴港口採買在地新鮮漁獲，小農送來當令食材，食堂陳架上這兩天又多了幾甕醃漬品。人生的滋味在這裡活潑潑地存在著，一定也能牽動一些食客們心中的味覺記憶。

張麗君

人人喚之貓小姐，是小農，是獸醫師，也是自宅裡的料理研究者。對她而言，從產地到餐桌，不過是左心房到右心室的距離，時刻掛念。

飛魚

豢養在胸間的小鳥，張翼在南方澳翔躍。用薄鹽輕輕撫過， 風徐徐掠過，一夜干，收藏自由的滋味 。

椴木香菇

蠟在椴木孔洞上封印，菌種與杜英木開始培養愛情。蔭下菇寮，接地氣、迎陽光。十個月後，椴上開花，名為香菇。

秋刀魚

身著一身秋季時尚藍銀色縱帶嗶嘰燕尾服，出身尋常百姓家，生態鏈中、底層物種，亞洲海域野生捕撈，不唱海鮮的輓歌。

油漬菇菇

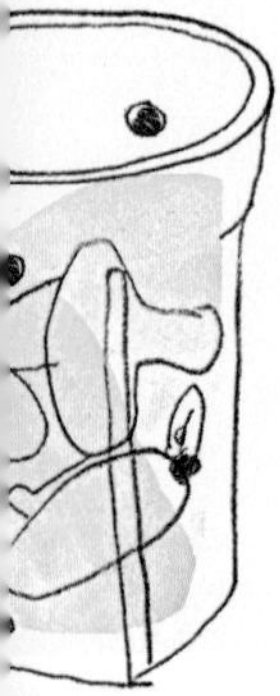

1 準備各式菇類 400g，今天特別選用不老部落的椴木香菇，氣味格外香。將香菇切片。

2 鍋中加入水與醋各 300cc，同時放入鹽 15g、檸檬片 2 片與香菇，煮沸。

3 將香菇擺置篩網上，盡量不重疊，瀝除水分，亦可用風扇吹乾。

4 香菇與大蒜 1 瓣、辣椒切片、月桂葉 1 片、黑胡椒粒等放入消毒過的玻璃瓶內，倒入橄欖油，蓋過食材。3 天後可食用。

油漬秋刀魚

1 選購已去除內臟的秋刀魚，浸泡在濃度 10%（500c.c. 的水，50g 鹽）的鹽水中。

2 徹底擦淨秋刀魚表面與肚內的水分，切成四等分。將大蒜 1 瓣、月桂葉 1 片、辣椒切成小段，與秋刀魚一起放入鍋中，加入橄欖油並蓋過所有材料，放入預熱 100 度的烤箱內加熱 2 小時，至食材熟透。也可以瓦斯爐小火煮熟，所需時間較短，但此法的秋刀魚皮容易脫落。

3 分裝至消毒過的玻璃瓶內，再冷藏保存。

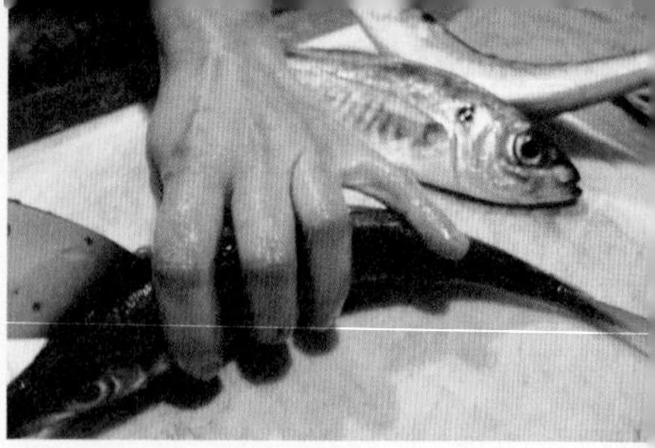

飛魚一夜干

1 選擇新鮮的白帶魚、飛魚，或竹筴魚，從魚的腹部將魚身剖半，清除鰓部與內臟，並以清水洗淨。
2 將魚完全浸泡在鹽水（水 1200g、鹽 120g）5 分鐘。
3 取出魚再浸泡於醬汁（水 1200g、鹽 90g、味醂 50g、20 度米酒 50g）半小時。
4 徹底擦乾魚的表面與肚子，吊掛於戶外通風處一晚，若環境溼度較高，則可以多曬一會兒，曬至魚肉呈現表面乾，摸起來仍富彈性的程度。

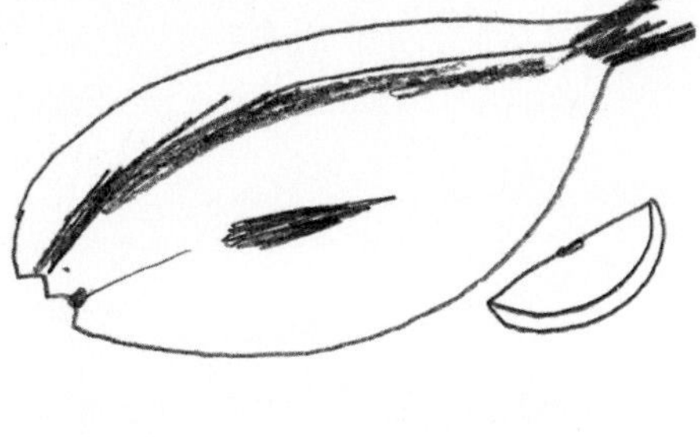

漬在東西南北。

沈岱樺

以漬為題，探訪各地友人，有農村媽媽、料理生活家、書店主人、餐廳經營者等。生活者在不同的家庭背景成長，在不同風土條件之下，對於「漬」有其個人主張。醬鳳梨，連結家庭餐桌重要的味覺臍帶；蜜漬紅肉李，發現廚房裡的第二口氣；油漬破布子，可以用力喊聲「保存食是料理的祕密武器」；從越瓜虱目魚裡，了解漬物不僅喚起食欲，也是延續情感的食物；法式蜜餞的手法，感受到時間讓滋味單薄變得有厚度；老薑生薑爆香淺漬，日常零嘴也能如此健康活力；或從一段旅行看見越南漬物，在舌尖上領略人情。

漬物歷經時間魔法，魔法不會只存在物產上。人與人之間喜歡相互餽贈保存食，時間的魔法也靜悄悄穿梭在東西南北，無法言喻的，是時間印記，是生活痕跡。

南方的
味覺臍帶

漬物記錄的最源頭，來自我的家鄉高雄。

二〇〇九年，開始認識一群住在美濃農村的朋友，他們分別有種菜的人、畫畫的人、唱歌的人、寫字的人、設計的人、攝影的人……雖然各自從事不同行業，但都有個共通點，生活在農村。很自然地，關注的脈絡長在農村土地上，彼此都有鑿痕很深的土味。

其中，和「野上野下」最常互動。野上野下，是設計工作室的名稱，由三位年輕夥伴共同成立，YOYO、大頭和偉志。「野上野下」在客家話中是四處遊玩的意思，有別於「宅」。他們喜歡在農村裡晃蕩散步，擁有豐沛的好奇心觀看農村，參與社區事務；並以「設計」的語彙產出，傳遞訊息給居於其他城鄉的人們認識。

在不同季節的拜訪經驗裡，印象最深刻是美濃冬日。冬日的美濃街頭，是給蘿蔔的，給芥菜的，物產們無不赤裸裸地展現各種曬姿，平躺、倒掛、趴臥、蜷身……此刻空氣散發出陣陣鹹香，這是屬於冬日的美濃氣味。所有食物日光浴的畫面，當下先用鏡頭記錄起來。準備提筆記錄漬物時，首想的風土地域，就是南方這裡。

透過野上野下朋友的聯繫，把握夏日鳳梨大出時節，再次回到高雄。今日主角是偉志的媽媽——邱玉真女士。偉志家在美濃隔壁的旗山，邱小姐嫁進連家後，便開始跟著婆婆學習醬鳳梨，「從小，我媽媽也有做醬鳳梨，但是怎麼可能有機會輪到我去做。」在娘家是零經驗的少婦，本著客家人想學就必定學會的硬頸精神，時至今日，已將婆婆配方改良成「玉真Style」的醬鳳梨配方。偉志還會裝瓶，帶到野上野下在美濃的小舖販售。

連媽媽做醬鳳梨時，習慣選擇土鳳梨品種製作，味道較為酸香。但本日示範的鳳梨是託妹妹買的，一不小心買成甜度較高的金鑽鳳梨。前置有個重要步驟，必須先曬豆麴。鎮上種子行有賣現成的豆麴，當黃豆發酵之後，豆子會披覆一層菌衣。連媽媽習慣先用清水沖掉這層薄霧，再進行一次完整性的日曬。

「如果沒有洗掉菌衣，醬鳳梨很容易變得很黑，吃起來有雜味。」一聽朋友轉述不同家庭處理豆麴的方式略有差異，有些人習慣把菌衣洗掉，有些人則是直接保留。朋友表示滋味的差異其實不大，但對於婆婆媽媽們的敏銳舌尖來說，這個微小的地方就是造成你家我家醬鳳梨風味不同的眉角。

醬鳳梨不像醃蘿蔔需要拿捏特定的鹽、糖比例，處理方式相對簡單許多。記得連媽媽最後還在她的醬鳳梨裡加上甘草，這是甘甜的小撇步。「我婆婆的醬鳳梨比較鹹，因為那個年代需要大量的農作，容易流比較多汗，需要多補充鹽分。現在已經不用在田裡幹這麼多的活，大家都希望吃得健康，我把鹽的比例降低很多……」

一小罐的醬鳳梨，縱然表現出不同世代的生活經驗，但隨著時間慢慢變化，已成為連結家庭餐桌重要的味覺臍帶，是自家餐桌很重要的一味。

邱玉真

客家人，住在高雄旗山手巾寮。嫁為人婦後，便開啟每年與醬鳳梨的一期一會。

醬鳳梨

鳳梨

富有熱帶島嶼的香氣，挑選守則：「鳳梨頭．西瓜尾」。
春夏季節，鳳梨甜度最高，香氣特別濃郁。

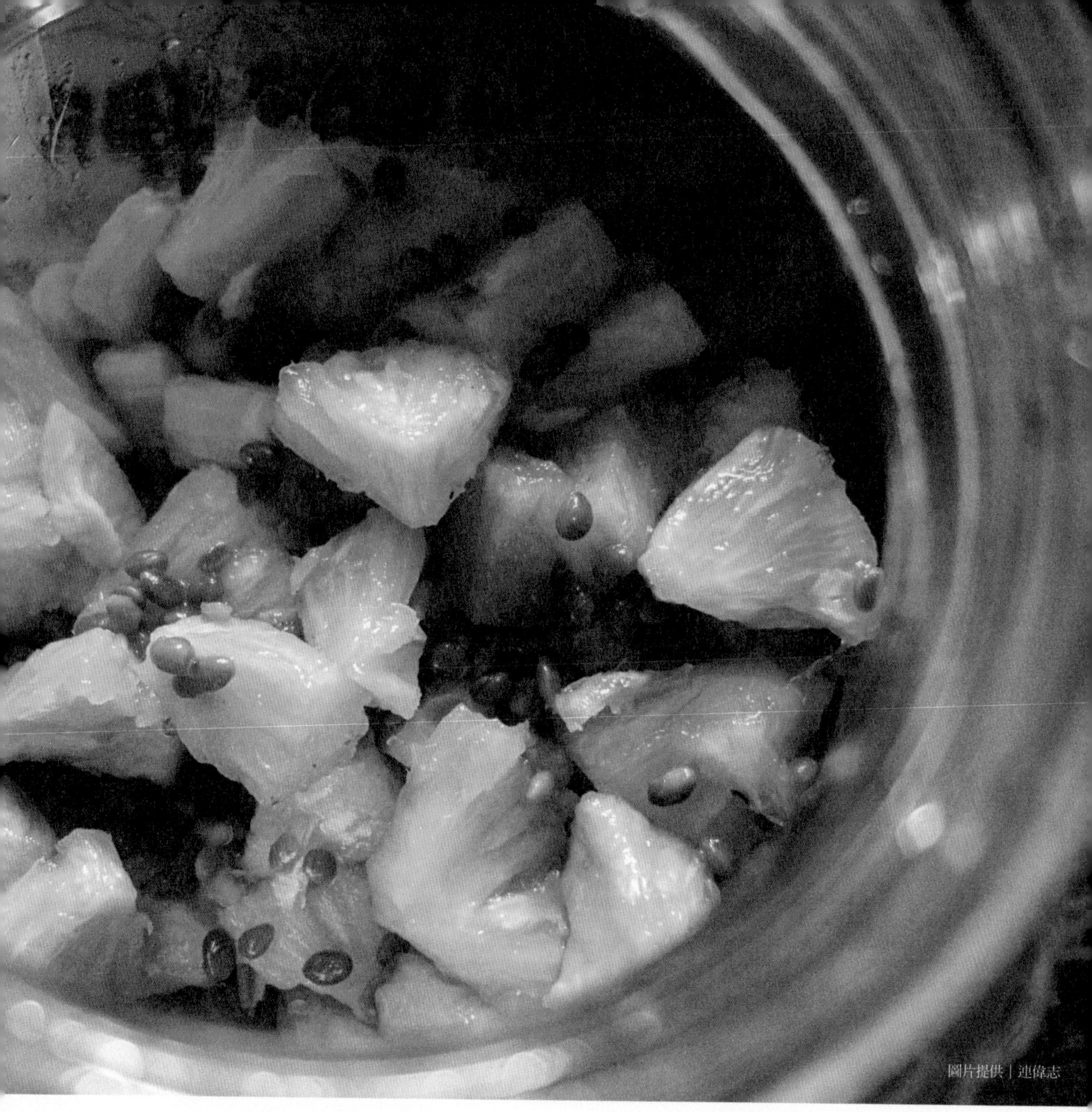

備料：鳳梨、鹽、糖、豆麴、甘草。
比例：1 斤鳳梨配 1.7 兩鹽、8 兩糖。
眉角：鳳梨心捨掉；豆麴菌衣洗掉並日曬；放甘草。
時間：屋內陰涼處置放 2 天後，分裝成小罐。
料理：鹹味甘甜，適合配稀飯、蒸魚、煮鳳梨苦瓜雞湯等。

傳遞部落的豔陽

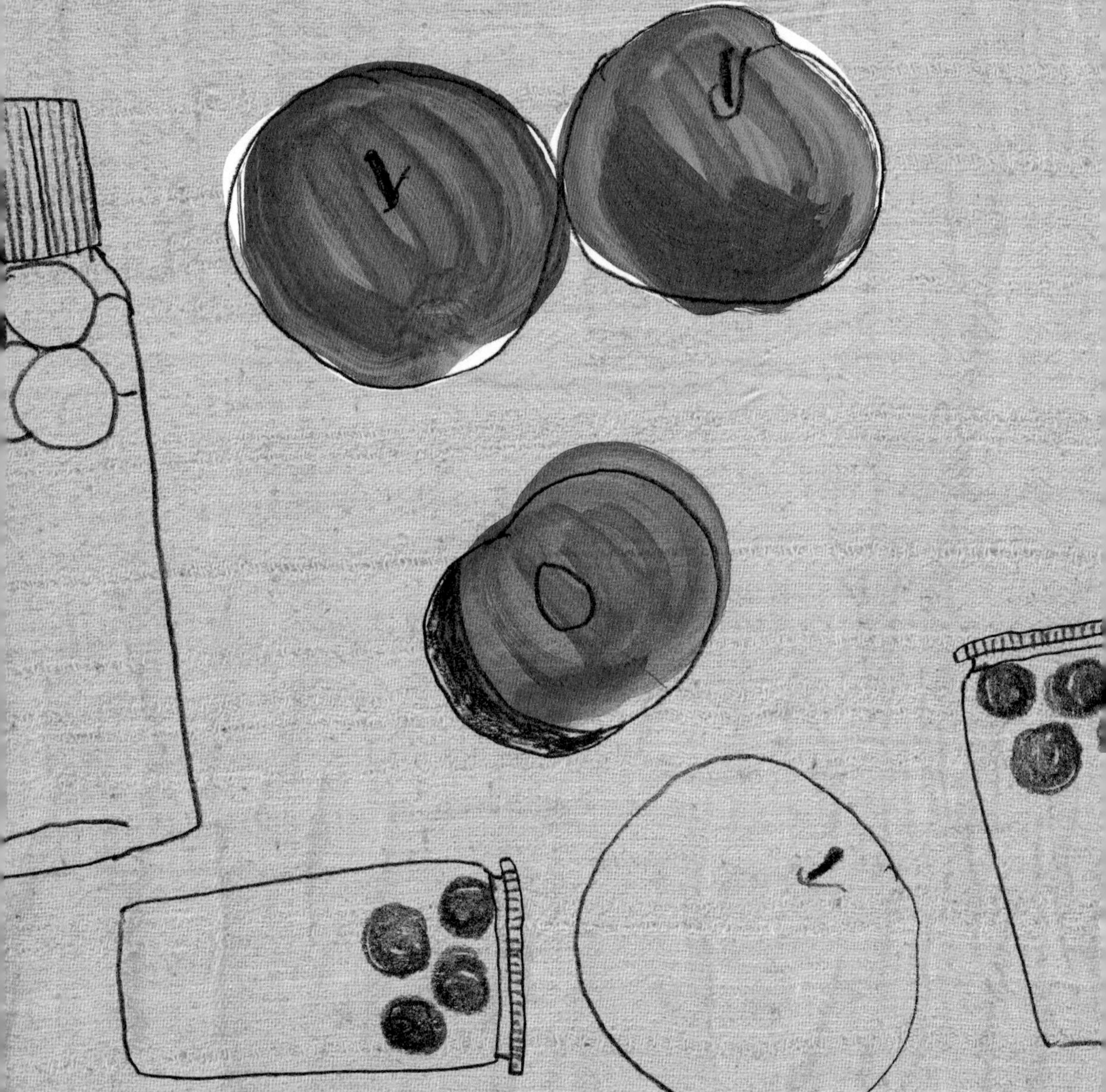

在台中生活，久而久之自然有套私房的飲食地圖，在索引分類上，一欄「家滋味」，不煮飯的時候往這裡吃就對了。心情好心情壞總想往那裡去，喝一碗湯，吃一盤菜，胃口被滿足，具足能量後，好像也沒什麼難事可以打倒自己。這是很多人心中的「魚麗共同廚房」，一間具有療癒功能的生活廚房。

蘇紋雯與陶桂槐，是賦予魚麗重要靈魂的人。「桂槐學習做菜的過程，完全是一個勵志的故事。二十幾歲的桂槐當時只會白水煮青菜豆腐，我已經在旁邊做起橙汁雞排。」紋雯和桂槐是舊識，兩人個性一動一靜，紋雯擅長訴說生命經驗，桂槐安靜藏身在廚房料理四季。劇情發展的轉折，應是後來桂槐怎麼成了料理工作者，掌起魚麗廚房的主廚之位？

這是一段很少被談起的生命故事。「我的母親過世得早，和父親的關係不算親密，記憶中的廚房滋味很零星瑣碎。很偶然地開始跟廚藝精湛的蘇媽媽學菜，也陸續跟不同的老媽媽學菜之後，解決了我對長輩的孺慕之情。」因為家庭廚房會有守候的靈魂，會有療癒的能量。桂槐因著自身經歷，更能深刻體會家庭廚房帶給人療癒的重要性。

因著每天生活，都能重新對自己證明，有能力好好照顧自己、照顧身邊的人，這個照顧者（料理者）就可以療癒別人的想法，產出一段那年夏天我們與紅肉李相遇的故事。二〇〇四年四月，某日午後接到紋雯電話，她簡述南部有一關注家庭與社區的基金會找魚麗談，希望有機會協助歷經八八風災桃源區梅山部落的農友家庭，分享紅肉李蜜漬做法、農產加工後的產銷經驗等，多一條提升社區經濟之路。

號稱一人社會局的紋雯徹頭徹尾屬於一不做二不休類型，既然答應幫忙，如何企劃與設計包裝，也應該幫忙到底。因著這個機緣，找了《風土痣》參與。那一年趕在梅雨季節的空檔期，我便跟著當時的計畫人員魏文大哥一起上山找李、拜訪部落。循著荖濃溪上游前進部落，陸續行經荖濃、寶來、桃源……八八風災沖刷土石山河的力道，歷歷在目。鄰近玉山國家公園梅山遊客中心的梅山部落，是南邊登玉山的必經之地。風災前，觀光經濟繁榮；風災後，回到很素樸的日常。

梅山地名舊稱「Masuwahoru」，意指盛產黃藤之地。Dama Buing（達瑪 必應）、Gina Livu（吉娜 莉芙）、Gina Ligu（吉娜 麗谷），是紅肉李的主要生產農戶。布農部落裡，尊稱男性長輩會在名字前面加 Dama（達瑪），Dama Buing 身手敏捷，擅長野地觀察，再陡峭的紅肉李生長地都難不倒他；部落尊稱女性長輩會在名字前面加 Gina（吉娜），少語的 Gina Livu 是採摘紅肉李好手。部落族人頂著豔陽採果，後續進行選果、洗果、去核、蜜漬、糖煮、滅菌裝罐等製作歷程，逐一手作完成蜜漬李。

蜜漬李由魚麗開放食譜，擔任顧問。野地李充滿奔放的明媚滋味，經過廚房靜待熬煮，酸甜之間，在舌尖取得完美平衡。小小的紅肉李，藏育部落經濟轉型的種子，連結山上與山下的情感。直至今日，我都還記得 Gina 曾經這樣對著我們說：「mihumisang uninang！」「平安，見到你真好！」風災之後，能夠開口跟族人說這句話，情緒是激動的，更隱藏了人在不可抗拒山林力量下的存活期待。

漬物得以保存，不僅讓紅肉李能在樹上完熟再採收、蜜漬，部落族人也透過蜜漬，增加農產的經濟價值。而我也因為魚麗，總想起捷克作家哈維爾說的「第二口氣」。如何在富有熱情的「第一口氣」做出有別於前一次深度的「第二口氣」思考，這是多麼重要的事。

魚麗共同廚房，是有第二口氣的。

魚麗共同廚房

由紋雯與桂槐創業成立。魚麗的廚房，是跟著農人作息，不同季節有不同的農忙。

圖片提供｜ Evan Lin

紅肉李

又名血根李，可粗放栽培的溫帶果樹，台灣許多中海拔以上的部落裡，均有種植。採收時節正逢梅雨季，一年一收。

蜜漬紅肉李

備料：紅肉李、白糖。

比例：為了延長紅肉李的保存，蜜漬比例是果與糖 1: 1。

眉角：一開始先用小火融糖，以避免鍋子燒焦。滾開後，撈起泡沫保持澄澈。

時間：熬煮過程約 30 分鐘。

料理：可做淋醬，搭配優格、奶酪、愛玉，或應用於烘焙、冰品、冷飲。

自家的味道

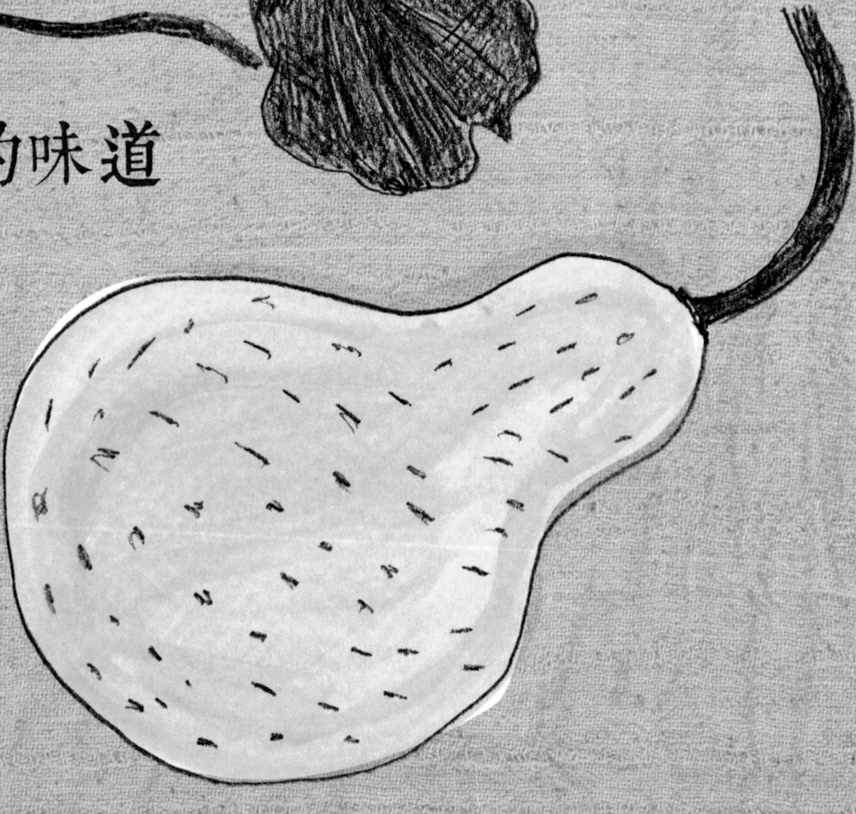

和 Miru 的認識，是先從她的文字開始。Miru 在上下游新聞市集擔任「公民寫手」，二〇一一年九月開始，連載好幾篇她對生活事務對社區街廓對食物情感的看法，尚未認識她本人的時候，閱讀這些文章，已經打從心底認定她是很會「照顧情緒」的女人，擁有萬能的手與澄澈的雙眼。

「如果小孩吵著要吃 7-ELEVEN 的關東煮，那媽媽們就用自家食物的美味來征服小孩的舌頭吧！！」在〈關東煮的食育時間〉，Miru 果然就用她的雙手變出一鍋好料，而且很有節奏感地安排不同食材入鍋，湯頭是越來越美味，不影響混濁度的情況下完成。做菜是要身體力行，同時也懂察言觀色。這是從文章中認識到的 Miru。

等到認識她本人的時候，是「一本書店」時期了。Miru 和另一半在台中舊城綠川旁開了一間書店，為什麼是「一本」呢？「一本，是書的單位；也是一種純實的生活。」書是生活裡的養分，食物是生活裡的行動力，是最簡單也是最富足的，也因此最能穩定內心。在一本書店裡，從選書到營業日提供「好好的吃午餐」，就連甜點布丁，都徹底地被征服。如果焦躁的心情像是皺巴巴的衣角，一本書店大概就是那把神奇的熨斗，完全整平服貼。

也因為有了很多日常的交流與互動，便好奇 Miru 家是怎麼吃漬物的？「漬物啊，我比較常用淺漬，看當時有什麼季節食材，用醋漬、鹽漬或糖漬，改變食材既有的味道，又能保有食材的口感，例如淺漬瓠瓜，吃起來還是脆脆的。」這麼一提，想起曾經吃過 Miru 的紫蘇漬嫩薑，趁著夏季紫蘇盛產的時候，做好紫蘇醋，接下來就可以淺漬嫩薑，或是調成氣泡飲。漬物，可說是喚起食欲的最佳表現。

漬物，也能體現出家庭的滋味。「通常，傳統女性在家庭餐桌上是沒有聲音的。自從我爸過世後，媽媽開始會講自己的事。我外公是脾氣很好的人，在後驛開腳踏車店，有時候外出回家，會帶回一條虱目魚，用醃漬越瓜水煮虱目魚。原來這道菜是我媽媽那邊的菜，小時候的餐桌會出現這道菜，並不是我爸愛吃，而是媽媽想念她家的味道。」Miru 打開媽媽給她的玻璃罐，用筷子夾出一條醃得入味的越瓜，說等一下來做這道菜吧。

越瓜長得挺像大黃瓜，醃漬前須把越瓜的籽去除，日曬、抹鹽，再加豆醬一起醃。以前每個村子都有人在做醬油，豆醬有可能是做醬油的醬底。初夏開始醃瓜，兩三個月後就可以吃，時間再放久一點會更軟更好吃。漬物味道隨時間變得濃郁，因為「返味」，鹽水再度吸回食材，風味更顯鹹香。

「如果是我爸這邊，記憶裡阿嬤是會把漬物放在床下，這是相對穩定的環境，不會突然有風。阿嬤過世之後，我爸把床底下的漬物都搬回家，每餐固定撕兩小塊。每個人肯定都覺得自己媽媽醃得才好吃，人雖然不在了，但透過醃漬保存，還能吃到媽媽的味道。只是隨著時間，會愈吃愈少。我們也不會跟他搶。」漬物，不僅是喚起食欲的食物，也是延續情感的食物。

「漬物是有時間的，年紀愈大愈喜歡。」Miru 邊說邊笑。漬物所帶來的鮮味，很難用調味調配。即便物產是同一品種，同樣配方；但因為每雙手都不同，每個人手上的菌都不一樣，因此，產生不同的風味。這應是漬物帶給人的最大驚喜，很值得花時間等待。

Miru

在台中綠川旁經營「一本書店」，實踐生活裡有書、有食物就豐足了，很有力量。

NOMA

瓠瓜

又稱扁蒲、蒲瓜，果實被稱為葫蘆。一般食用扁蒲，可分長形與圓形兩種，嫩果經常被刨製薄條，曬成瓠仔乾。

紫蘇

全株皆可運用，尤其在日本料理上。味平性溫，在白露尚未開花前，可整株割取，倒掛通風處陰乾或曬乾備用。

越瓜

又稱蔭瓜、醃瓜，夏日盛產，外型像大黃瓜，是早期農村重要的醃漬物產之一。

瓠瓜小卷米粉

備料：瓠瓜、小卷、米粉、檸檬、小番茄、辣椒、糖、香菜、魚露。
比例：按個人喜好而定。
眉角：瓠瓜切絲，先用糖抓；米粉用熱水汆燙，不用直接入鍋煮，保持口感。
時間：約 20 分鐘。
料理：運用糖淺漬過的瓠瓜，適宜涼拌沙拉。

越瓜虱目魚

備料：醃瓜、虱目魚、水。
比例：按個人喜好而定。
眉角：醃瓜切段煮魚，無需其他調味。
時間：約 20 分鐘。
料理：越瓜的鹹香味適合配搭蛋白質，相較於穩重的菜脯，越瓜滋味更顯清揚。

紫蘇漬嫩薑

備料：紫蘇葉、二砂、米醋、水。
比例：250g 紫蘇葉、300g 二砂、300c.c. 米醋、1500c.c. 水。
眉角：紫蘇葉洗乾，中小火煮 15 分鐘後，過濾再進行調味。
時間：約 20 分鐘。
料理：香氣飽足，適合調配氣泡飲或作為淺漬調味的基底。

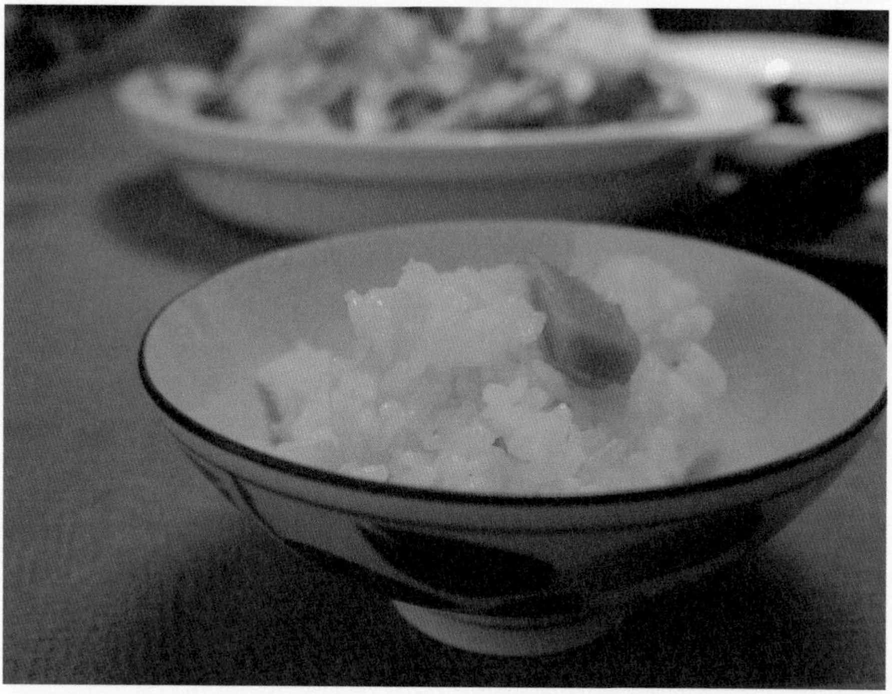

日義混搭的台味

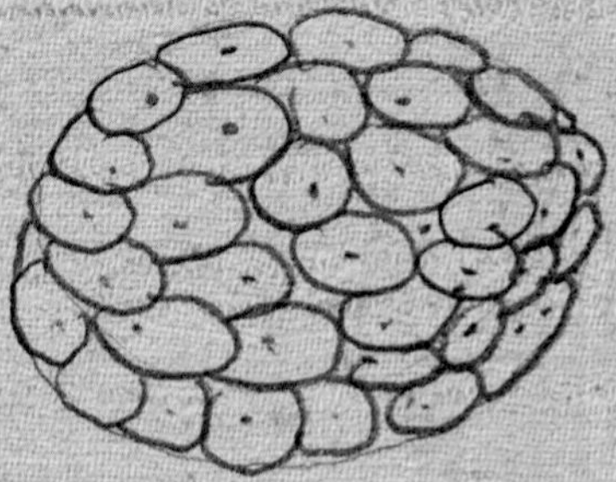

「我們來做一款類似小麻糬的米丸子，如何呀？小麻糬上面再放糖漬月桃花……」電話那頭是我很喜愛的料理人馬愛雲，朋友之間習慣以「小馬」呼之。每逢見面，小馬總是很有活力、毫不吝嗇地給熟朋生友一個大大的擁抱。

小馬是出了名的愛做菜、會做菜，但她的烹煮工具非常簡單，簡單到令人不可置信，一只卡式爐可以變化出那些曾在種籽設計節氣系列書籍裡記錄的眾生食物們。在各式菜譜裡，小馬遊刃有餘循著新鮮食、保存食、花草食等概念，配搭風土物產、柴米油鹽醬醋茶，進而堆疊甜酸苦辣辛鹹，變化出屬於小馬獨有的迷人食。

例如，眼前這道糖漬月桃花小麻糬，選用號稱台版越光米的台南16號，這款米性有點黏，微微搗一搗，破壞米粒完整的狀態，的確有像麻糬的樣子。米飯攤平，再包一點前些時日炒好的蘿蔔乾，逐漸成形的丸子，在小馬手心裡滾過來滾過去，一口食的小麻糬接近完成。

主角糖漬月桃花，夾一片輕輕放上。這是完全台風的finger food。小馬多捏一球給我嘗嘗，當時在還不知曉內餡有蘿蔔乾的情況下，月桃花帶有精油香氣，是濃豔的；混著米香，又是熟悉安定的。嚼到蘿蔔乾，「喔，原來小麻糬本人有穿內衣啊。」我半開玩笑說，小馬立刻用「you got it」的淘氣眼神回應。

「冰糖沒有香氣，保有不死甜的甜度，運用在糖漬月桃花上，非常適切。這款用米飯做的小麻糬，全部都是台灣魅力食材喔，有老味道菜脯、新味道月桃花……」擅長捕捉食物特性的小馬，擁抱不受框架的料理自由度，跟在她的旁邊看菜聽菜，過程很享受。

包括漬物的命名，也饒富趣味。油漬破布子與橄欖，小馬稱其「大珠小珠落玉盤」，義大利的橄欖、小豆島的橄欖、去年醃好的破布子，搭佐新鮮的蒜頭、口感QQ的小圓茄、配色絕佳的風乾小番茄等。再用大量橄欖油淹蓋所有食材，以低溫一百度小火烤，把蒜的香味逼出，浸潤至橄欖油，兩小時過後，即可保存。同樣的步驟，不進烤箱改放室溫，需兩周的時間。做法選擇，全看料理者的緩急運用。

「保存食是料理的祕密武器。現在是苦瓜季節，苦瓜雞湯一定好喝，如果再加蔭鳳梨，風味更棒。廚房只要有漬物，料理就會變得很簡單。蔭鳳梨再加上番茄乾，酸酸香香，很像土耳其人會用水果或果乾入菜。我們不要再被框架綁住了，誰說油漬番茄只能炒義大利麵，還有麵疙瘩、拌米粉。」

漬物，是保存食。對小馬而言，保存食多了「時間」，當物產歷經時間，透過菌，產生了關係。這層關係不會只發生在物產上，人與人之間總喜歡相互餽贈保存食，漬物者的時間魔法，靜悄悄地穿梭到別人家的餐桌上，漬物帶來無法言喻的情感，這是時間的心意。

馬愛雲

料理性格是自由的，懂得順應時節之美，採當下的花草果實，借時間的味蕾保存。

油漬破布子

破布子

紫草科。七月夏日，果實成熟變黃，球形核果，中間帶籽，果肉略少，有乳白色黏質物，微微酸澀。

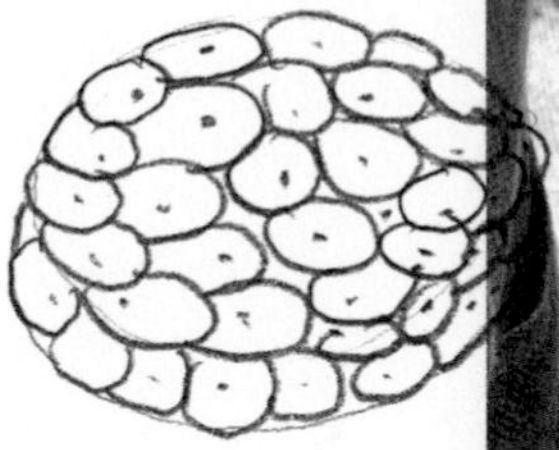

備料：破布子、橄欖、小番茄、茄子、蒜頭、橄欖油、迷迭香、百里香、辣椒、鹽。

比例：按個人喜好而定。

眉角：小番茄先日曬 2 天；鹽抓茄子，幫助脫水；最後以大量橄欖油，蓋過全部食材。

時間：烤箱 100 度，烤 1.5~2 小時後，即可放涼保存。

料理：油脂豐富，適合烤雞、燉肉、配麵包、拌麵等。

糖漬月桃花

備料：月桃花、冰糖、水。

比例：30 朵月桃花配 200g 冰糖、120c.c. 水。

眉角：熬煮糖漿時，請勿攪拌，但可晃動鍋子，煮至蜂蜜的稠度感。

時間：將月桃花拌入糖漿後，煮滾約 5 分鐘，即可放涼入冰箱保存。

料理：糖漿帶花香，適合入甜食冰品，或做畫龍點睛的食材配搭等。

月桃花

薑科。端午節前後，月桃花盛開。是全才型植物，葉包粽、籽製藥，曬乾後的葉鞘可編草蓆、做繩索。

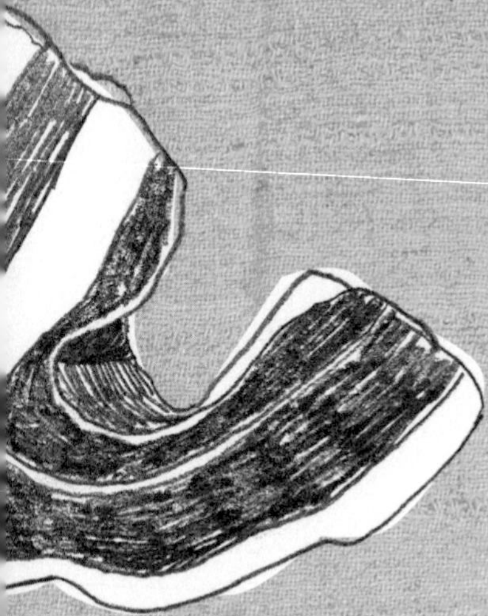

法式田野小路

和柯亞認識時，她的身分已經是果醬創作者了，深知水果在她的手裡，總能適其所味被對待。好幾年前還在雜誌社工作，曾經跟她邀約專欄「果然好吃」，每月為封面故事的水果主角製作三款延伸吃法，從二〇一二年七月至二〇一三年十二月，累積五十四道果物食譜。二〇一四年，她更將這些心血集結成《臺灣好果食——54道滿足味蕾的水果料理》。

當初是專欄企劃邀約的起頭，但過不久，我就離開雜誌社。即便不再是第一位閱讀柯亞文章的人，但仍固定收看她的專欄，跟著她的瘋狂腳步，認識果物如何被抽絲剝繭，又如何被創作演繹。柯亞真的是一位願意上山下海，做足田野調查的果醬創作者，她會走到農業現場，和農家請益水果的栽種過程，也是合樸農學市集的固定攤主，更為了練基本功，到八里穀研所進修西點課程。

好幾年的時光過去，從未到工作室拜訪過她，本著漬物邀約，期待踏進她的廚房，窺探老朋友的武功祕笈。這回，考題是製作三款漬物，「我想做兩款甜，一款鹹。有準備了某香料，等妳來。」柯亞給了猜不透的線索。採訪當日，謎題終於揭曉，兩款甜是糖漬鳳梨、扶桑花蘋果蜜：一款鹹是馬告鹹豬肉。某香料，原來是馬告。

「眼前這顆鳳梨，已經在糖水裡浸泡十二個小時。這款做法屬於法式水果蜜餞，是法國甜點師傅經常做的，可入麵包、製甜點，更是甜點舖的最佳裝飾物。糖漬水果的時間必須拉得很長，至少浸泡兩個月，鳳梨果肉質地才會變得剔透。日日都需要照顧，看其糖漿水分是否流失，溫度是否要補強等。高濃度的糖，風乾之後，會再『反砂』。歷經兩個月的糖漬，達到幾乎沒有任何水份的狀態；但身處溼度高的台灣，最後須把鳳梨放進烤箱，小火烤乾。」柯亞受到日本甜點教父河田勝彥的影響，動手試做，體會在日本旅行拜訪其店，那份看見法式蜜餞的心動。

對柯亞來說，鳳梨擁有雕塑感。而調味部分，因為找不到任何食譜參考，憑其經驗去堆疊糖漬的滋味。「在歐洲，酸香味道來自香草莢、八角、丁香等；在台灣，我很想要試試看新鮮的馬告，香氣帶有檸檬軟糖的鮮甜。煮著煮著，聞到糖蜜很像熟悉的蜜地瓜，覺得適合再加入金桔或梅子，所以又放了金桔。這都是經驗養成的脈絡，因人而異的不同選擇！」

接著，柯亞又帶著我走入隔壁的田野小路，採集扶桑花。她想將作為天然色素的扶桑花跟蘋果一起激盪，花瓣有顏色有口感，蘋果則有清甜，做了一款淺漬的花果蜜。再來，烤馬告鹹豬肉，換成帶有檸檬香茅味道的乾燥馬告，配搭其他香料，透過漬的動作，讓豬肉提鮮。

「醃漬對我來說，是把時間存起來儲蓄，之後料理會非常好運用。漬是一種轉化。以果醬為例，剛煮好的果醬帶有火氣，必須透過時間的轉化與沉澱，才會出現深度的甜味。時間有轉化、整理的功能，賦予食物年紀，讓單薄的滋味變成有厚度。」柯亞說當人有了經驗，開始圓融，這就迷人了。跟年輕的直接與嗆辣，非常不同。醃漬，大概就是這麼一回事。

柯亞

職業生涯前半場以出版企劃為激盪，返鄉後找到天命，以果物進行創作與實驗。

糖漬鳳梨（法式水果蜜餞）

鳳梨

富有熱帶島嶼的香氣，挑選守則：「鳳梨頭．西瓜尾」。
春夏季節，鳳梨甜度最高，香氣特別濃郁。

備料：鳳梨、冰糖、檸檬汁、新鮮馬告、金桔、水。

比例：糖與檸檬汁為 5：1，再加入適量的水，稍微拉低糖漿濃度，才不會久煮後水份蒸散而反砂。

眉角：甜而不膩，以馬告、金桔帶出酸香。

時間：至少 2 個月。

料理：甜度高，適合當麵包餡、製甜點。

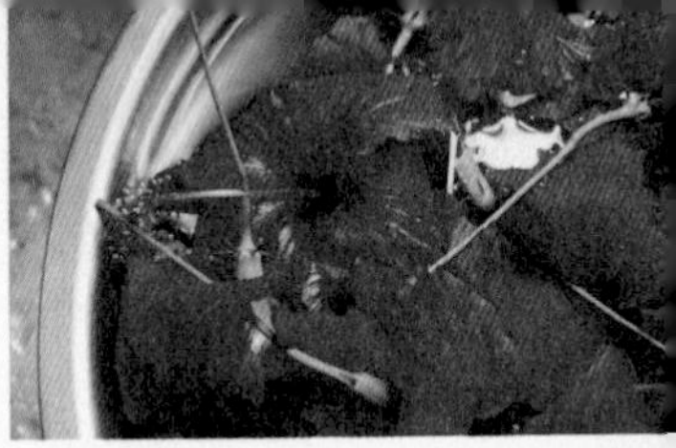

扶桑花蘋果蜜

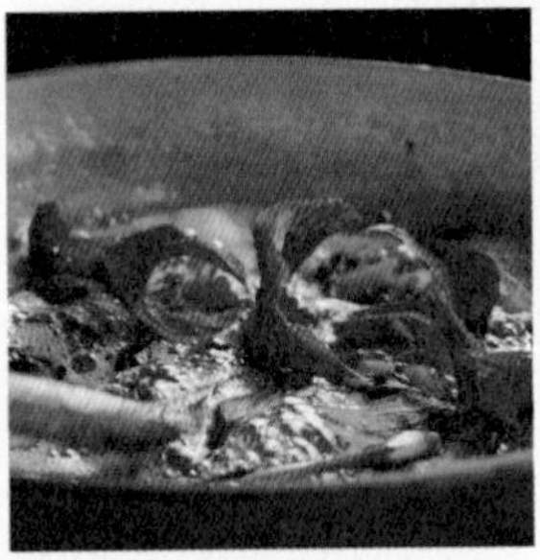

扶桑花

學名朱槿，錦葵科，廣為庭園栽培的常綠灌木。老人家會將嫩芽葉、花瓣製成醃菜，或油炸。也是常見的染色原料。

備料：扶桑花、蘋果、冰糖、檸檬汁、水。

比例：扶桑花，適量（數朵）；果、冰糖、檸檬汁、水，10:10:2:5。

眉角：熬煮糖漿時，請勿攪拌，但可晃動鍋子，煮至蜂蜜的稠度感。

時間：將月桃花拌入果蜜後，煮滾約 5 分鐘，即可放涼入冰箱保存。

料理：糖漿帶花香，適合入甜食冰品，或作畫龍點睛的食材配搭等。

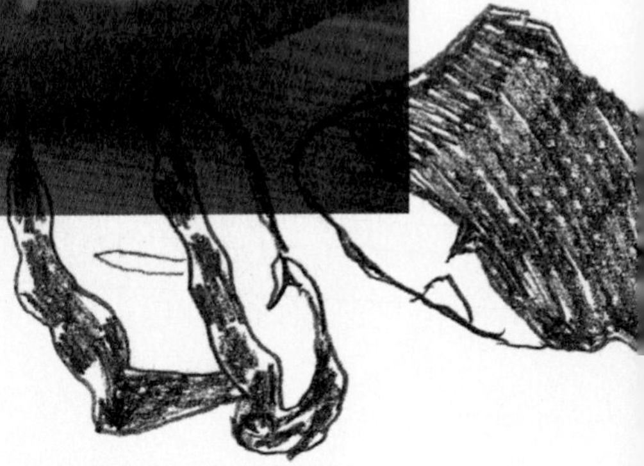

馬告鹹豬肉

馬告

學名山蒼樹，樟科，又名豆豉薑、山胡椒。泰雅原住民稱之為馬告（Maqaw），帶有薑、胡椒與檸檬香茅的香氣。

備料：五花肉、高粱酒、鹽、黑胡椒、蒜頭、花椒、白胡椒、馬告。

比例：按個人喜好而定。

眉角：用高粱酒，將五花肉表面洗一洗，去除腥味。接著將鹽與所有香料均勻抹至豬肉表面，稍微按摩入味。放入夾鏈袋，冷藏鹽漬 2-3 日即可。

時間：烤箱 180℃，烤約 15 分鐘。

料理：鹹香夠味，適合拌沙拉、夾在麵包裡。

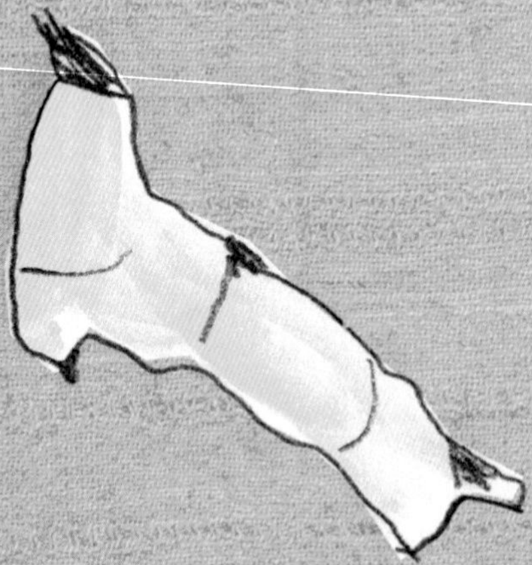

來自山林薑薑好

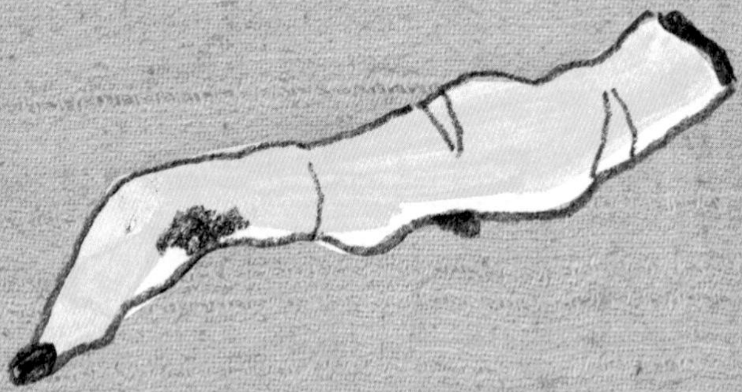

「你來我家，我煮飯給你吃。你來找我，我帶你出去玩。」朋友陳尼奇告訴我為什麼想做「離奇食旅」的理由很簡單。會用「離奇」二字，大概也和她的個性有關，牧羊座的豪邁大方與不受拘束的性子，今早才在最南邊的恆春吃早餐曬太陽，明天可能已經準備要飛往紐約。有時候一個人旅行，有時候帶著一票初次見面的新朋友出發異地，隨時充滿電力的狀態，身為她的朋友總是嘖嘖稱奇。

還沒創業之前，尼奇是私立雙語幼稚園的教師。受過幼保教育的訓練與實務經驗，尼奇在面對牙牙學語的小小孩，擁有萬般的耐心。「還在幼稚園工作的時候，某一天吃到廚房阿姨滷的豆干，覺得好吃，大概是從這個時候開始自己動手滷豆干。滷了將近一年，朋友覺得賣相不錯，鼓勵我開始販售。後來，朋友店的開幕活動，會指名我的滷味當茶點。」尼奇滷味的風評在朋友間傳散開來，她的滷豆干和滷蛋是分開製作，並非湯湯水水一起滷。尼奇相信越簡單的食物，越不容易料理。

簡單是不簡單的，就像尼奇平常愛吃的漬物薑一樣，有老薑油漬海帶根、麻油漬嫩薑，光看名字就知道用料是什麼。無論是老薑嫩薑，都是經過媽媽的精挑細選，物產來自中部山區。因為太喜歡吃薑，所以推出薑薑好系列，尼奇希望不僅要漬得入味，又期待能夠當成一口接一口的零嘴。老薑切絲與麻油爆香之後，光聞味道就很滋補的薑油，再和泡過蘋果醋的海帶根，一起拌勻。用油泡的概念漬海帶根，「為什麼薑油要自己做而不用現成，是因為我希望大家都能吃到薑絲，感受到薑的口感。」QQ的海帶根，配上爆香脆脆的老薑絲，很適合當下酒菜的漬物。

年輕的嫩薑，切成薄片狀，用少許鹽抹薑片，再配搭醬油、豆豉、麻油進行調味，重點是分批酌量調味，雙手不停地幫嫩薑片按摩，幫助入味。

醬油和豆豉是使用已經傳承三代的御鼎興手工柴燒黑豆醬油，這是尼奇精心尋找的，醬油要選擇好，是畫龍點睛的提味。「我用的食材都很單純，滷豆干只有醬油、二砂和八角；滷蛋是將二砂改成冰糖。滷一顆蛋得花三個小時，朋友看滷蛋的外觀以為沒有顏色，代表沒有味道。這個想法是錯的啊，因為大家已經習慣吃上色這一套，我想改變這個想法，重點是食物的本身！」麻油漬嫩薑，鹹款採取豆豉；還有甜味的做法，尼奇會用「上下游」的「回家李」果醋代替豆豉。

時間跟食物的關係，必須耐心等待，食物才有機會呈現完美。尼奇對待食物的看法，就跟她對待小小孩一樣，充滿愛與耐心。

陳尼奇

因為朋友們喜歡吃，開始滷味人生。也喜歡帶大家去玩，成為工作，叫離奇食旅。

老／嫩薑

夏末到中秋之間先出嫩薑，產區以南投和雲嘉等地為主；深秋入冬後再出老薑。嫩薑鮮食為宜，老薑帶土乾燥，放陰涼處，無須冷藏。

麻油漬嫩薑

備料：嫩薑、鹽、醬油、豆豉、麻油。
比例：按個人喜好而定。
眉角：調製味道的時候，分批調味，避免一下失手過重。
時間：浸泡 1~2 天味道更佳。
料理：加入豆豉，嫩薑漬得鹹香，適合當前菜小點。

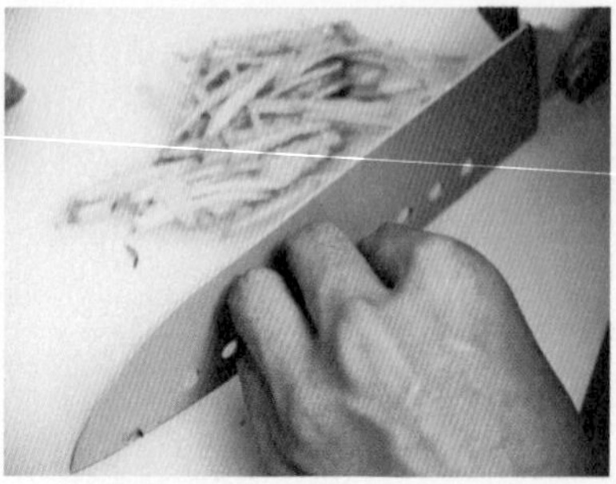

老薑油漬海帶根

備料：海帶根、蘋果醋、老薑、麻油。
比例：按個人喜好而定。
眉角：老薑切絲，先爆香，再油泡海帶根。
時間：浸泡 1~2 天味道更佳。
料理：香氣飽足，適合當下酒菜。

海帶根

產在水溫稍低的溫帶海域，台灣本地產量趨近於零，多由外地進口。因藻體中富含呈味胺基酸，經蒸煮或發酵等加工處理後，是調味的取材來源。

記憶越南的
小夏天

個子小小、說話速度很快的Josie是「小夏天」的主人。店名取得很可愛，身邊的朋友有不少都是小夏天的愛好者，在小夏天可以吃到越南河粉、生春捲，喝到越南咖啡。一年如夏，在舌尖上感受新鮮的香料，享受刺激變化所帶來的涼爽感。

如果也是越南菜的愛好者，肯定會發現炸春捲旁的淺漬小菜，酸酸甜甜，不但增進食欲也能一解炸物的油膩感。在漬物的世界裡，應該也要聽聽異國文化的故事，心裡這麼想著，便寫訊息請問Josie做越南漬物嗎？「當然，有幾款都是店裡常用的醃漬，例如紅白蘿蔔絲、白花椰菜是每天在做。我可以再問問我的越南朋友，請她教我傳統的醃漬越南小圓茄。」便和Josie約了店休日，去敲敲門一探究竟。

「先把紅白蘿蔔切絲，比牙籤稍粗。加糖、鹽入蘿蔔絲，搓捏幾分後，靜置出水；將蘿蔔絲以冷開水沖洗後瀝乾，再混合醋、糖、水，一起放入密封玻璃罐，就可以放入冰箱保存，三天之後風味正好。」「白花椰菜要先用溫熱水燙過，降低蔬菜生味；小圓茄需要事先日曬一天，茄皮皺皺的，再拿來醃漬。」

不喜歡被拍照的Josie，只要守著不拍到本人的原則，其餘都能侃侃而談。我們在小夏天的院子裡，看著一罐罐浸泡在醋、糖、水的蘿蔔絲條，這是越南很常見的淺漬小菜，就像在台灣吃臭豆腐要配台式泡菜那般。最大的差別，在於食材的顏色搭配。Josie笑說越南人具有排列控特質，喜歡排列不同顏色的菜式組合，紅白配，紅黃白配，紅紫白配……在吃越南食物的時候，總是會有很多新鮮的生菜與漬物組合，「這都不需要全部吃進去，你只要搭配你喜歡的菜，所以每個人有自己的組合，很自由隨性，大概是這個原因，我很喜歡越南菜。」

Josie喜歡的越南，是異國風情的。她喜歡有法國味的越南，有文化混雜的越南。想開餐廳是大學就有的夢想，一直在金融界打滾的她，金融風暴時期決定轉換跑道，這一舉動帶給周遭朋友很大的震撼，離開熟悉的舒適圈，往未知的道路前進。至於會選擇越南菜作為創業的菜式，這和旅行有關，約二十年前在美國旅行，吃到友人媽媽買回來的越南生春捲，視覺與味覺同時感受到震撼，留下美好的印象。

在台北打拚工作時期，住在一棟有各國外籍房客的公寓裡，因緣際會認識兩位從越南來念書的大學生，「公寓的廚房，不同國家的室友會煮自己國家的食物互相分享，這兩個越南男生隨便煮都好吃。開餐廳的話，就想試試越南菜。」後來離開銀行的工作，到越南拜訪這兩位視同己弟的親朋好友，越南菜學習之旅是這麼開始。

「越南的食材大都是我們認識，但用非我們詮釋的方式表現出來，既陌生又熟悉。」決定聽從自己聲音的Josie，回到家鄉台中，開了越南餐廳「小夏天」，到現在已經有五年了。開店之路有很多無法預期的事情發生，日日都是好日，日日也都是修行之日，如何將眾多想傳遞的訊息，透過食物表達出來，對Josie來說是很重要的，尤其她告訴自己的「莫忘初衷」。

在小夏天的越南菜式，有Josie親自到越南學習的，也有參考從Amazon買來的食譜。從網路書店買的食譜，都是移居到歐美的第二代越南人所書寫，尤其是吃起來像沙拉的漬物，都已經是飲食文化混雜下的結果。「今天的醃漬越南小圓茄，是北越朋友教我的，北越的夏天才會有。這是朋友想念家鄉的滋味，在醃漬的過程裡，朋友只要經過廚房就會打開試味道，等漬好可以吃的時候，罐子已經少了好幾粒圓茄，這是來到台灣迫不及待想要吃的家鄉味。」每個人的家都有自己的醃漬味，移居到他國，會再加入一味，就是「文化混雜味」。

對Josie來說，不同的食材有不同的時間感，不同漬物的研發，在不同的季節裡也會有不同的變化。剛剛好，就很好。

Josie

因為旅行，開啟與越南的連結，離開十餘年的金融業，回到台中，經營「小夏天」。

紅白蘿蔔

紅蘿蔔又稱紅菜頭，長輩會用日語「人參」稱呼。白蘿蔔又稱菜頭，本產主要是白皮白肉種。

白花椰菜

花椰菜最好看的品種是「石頭花」，蕾球緊密、整齊，潔白如雪；但風味口感，以「青梗」勝出。

越南小圓茄

小圓茄有白有紫有綠，是東南亞飲食餐桌上常見的食材。茄皮稍厚，肉質偏硬，略帶澀味。

漬紅白蘿蔔絲

備料：紅白蘿蔔、醋、糖、鹽、水。

比例：紅白蘿蔔各1條、300c.c.醋、120g糖、240c.c.水、鹽1小匙。

眉角：加1大匙糖和1小匙鹽入蘿蔔絲，揉捏幾分鐘後，靜置待出水。將蘿蔔絲以冷開水沖洗後瀝乾。

時間：3日後風味最佳，可保存於冰箱2~3周。

料理：沙拉、炸物、烤肉、熟食冷盤或麵包。

漬白花椰菜

備料：白花椰菜、黃紅甜椒、迷迭香或百里香、蒜頭、醋、糖、鹽、水。

比例：480c.c. 醋、300g 糖、480c.c. 水、60g 鹽。

眉角：白花椰菜去硬皮切小株，溫熱水一大盆加 2 大匙鹽，蓋過花椰菜，浸泡至少 1 小時，直至蔬菜生味減低。

時間：3 日後風味最佳，可保存於冰箱 2~3 周。

料理：沙拉、炸物、烤肉或熟食冷盤。

醃越南圓茄

備料：越南圓茄子、南薑、蒜頭、紅辣椒、鹽、糖、水。

比例：按個人喜好而定。

眉角：小顆白色或紫色圓茄，不需洗淨直接於陽光下曝曬一日。茄子浸泡鹽水於3~5小時後瀝乾，加入1000c.c.水、鹽、糖，煮沸後冷卻，再分層放入南薑、蒜頭、紅辣椒，靜置常溫，2~3日後再入冰箱。

時間：3日後風味最佳，可保存於冰箱2~3周。

料理：米飯肉類，加入蔬菜湯品更佳。

Smile 134
漬物語

陳怡如 沈岱樺 著

編輯　連翠茉
校對　呂佳真

法律顧問：全理法律事務所董安丹律師
出版者：大塊文化出版股份有限公司
台北市 10550 南京東路四段 25 號 11 樓
www.locuspublishing.com
讀者服務專線：0800-006689
TEL：(02) 87123898
FAX：(02) 87123897
郵撥帳號：18955675
戶名：大塊文化出版股份有限公司
e-mail:locus@locuspublishing.com
總經銷：大和書報圖書股份有限公司
地址：新北市新莊區五工五路 2 號
TEL：(02) 89902588 (代表號)　FAX：(02) 22901658

初版一刷：2016 年 10 月
定價：新台幣 300 元

ISBN 978-986-213-739-0　Printed in Taiwan

漬物語 / 陳怡如, 沈岱樺著. -- 初版.
-- 臺北市 : 大塊文化, 2016.10
面； 公分. -- (Smile ; 134)
ISBN 978-986-213-739-0(平裝)

427.7507 105016803

LOCUS

LOCUS